国家职业技能等级认定培训教程

国家基本职业培训包教材资源

中式面点师

（初级）

中国人力资源和社会保障出版集团

中国劳动社会保障出版社　中国人事出版社

图书在版编目（CIP）数据

中式面点师：初级 / 中国就业培训技术指导中心组织编写 . -- 北京：中国劳动社会保障出版社：中国人事出版社，2021

国家职业技能等级认定培训教程

ISBN 978-7-5167-0481-3

Ⅰ.①中… Ⅱ.①中… Ⅲ.①面食－制作－中国－职业技能－鉴定－教材 Ⅳ.①TS972.132

中国版本图书馆 CIP 数据核字（2021）第 033679 号

中国劳动社会保障出版社
中　国　人　事　出　版　社　出版发行

（北京市惠新东街 1 号　邮政编码：100029）

*

北京市艺辉印刷有限公司印刷装订　新华书店经销

787 毫米 ×1092 毫米　16 开本　13.75 印张　225 千字

2021 年 4 月第 1 版　2021 年 4 月第 1 次印刷

定价：48.00 元

读者服务部电话：（010）64929211/84209101/64921644

营销中心电话：（010）64962347

出版社网址：http：//www.class.com.cn

国家职业技能等级认定培训教程·中式面点师
编审委员会

主　　任　姜俊贤

执行主任　边　疆　杨铭铎

秘　　书　王　东　赵　界　李真真

委　　员（按姓氏笔画排序）

王　东　王吉林　王鹏宇　王　黎　巩桂花　仲玉梅　李俊成
李真真　邸元平　沈启平　张　虎　张振霞　张桂芳　陈　健
陈　霞　赵　界　钟志惠　宫润华　贾贵龙　梁冠强　谢宗福

总 策 划　边　疆　杨铭铎

总 主 编　钟志惠

主　　审　边　疆　杨铭铎

本书编写人员

主　编　张　虎　张振霞

前　　言

为加快建立劳动者终身职业技能培训制度，大力实施职业技能提升行动，全面推行职业技能等级制度，推进技能人才评价制度改革，促进国家基本职业培训包制度与职业技能等级认定制度的有效衔接，进一步规范培训管理，提高培训质量，中国就业培训技术指导中心组织有关专家在《中式面点师国家职业技能标准（2018 年版）》（以下简称《标准》）制定工作基础上，编写了中式面点师国家职业技能等级认定培训教程（以下简称中式面点师等级教程）。

中式面点师等级教程紧贴《标准》要求编写，内容上突出职业能力优先的编写原则，结构上按照职业功能模块分级别编写。该等级教程共包括《中式面点师（基础知识）》《中式面点师（初级）》《中式面点师（中级）》《中式面点师（高级）》《中式面点师（技师 高级技师）》5 本。《中式面点师（基础知识）》是各级别中式面点师均需掌握的基础知识，其他各级别教程内容分别包括各级别中式面点师应掌握的理论知识和操作技能。

本书是中式面点师等级教程中的一本，是职业技能等级认定推荐教程，也是职业技能等级认定题库开发的重要依据，已纳入国家基本职业培训包教材资源，适用于职业技能等级认定培训和中短期职业技能培训。

本书在编写过程中得到中国烹饪协会、顺德职业技术学院（中国烹饪学院）、北京市工贸技师学院、内蒙古财经大学的大力支持与协助，在此一并表示衷心感谢。

中国就业培训技术指导中心

目 录 CONTENTS

培训模块一 水调面品种制作

内容结构图

- 水调面品种制作
  - 面坯调制
    - 原料、设备与器具
    - 冷水面坯调制
    - 温水面坯调制
  - 生坯成型
    - 面坯成型基本方法
    - 制作面点皮坯
  - 产品成熟
    - 煮制无馅类水调面制品
    - 炸制无馅类水调面制品
    - 烙制无馅类水调面制品

培训项目 1 面坯调制

培训单元 1 原料、设备与器具

培训重点

1. 熟悉面粉的化学成分与性质。
2. 掌握面粉的分类及质量标准。
3. 掌握和面机、压面机的使用方法与注意事项。
4. 熟悉称、量杯、刮板的种类及使用方法。

知识要求

一、小麦与面粉

小麦属禾本科植物，是世界上分布最广泛的粮食作物之一。小麦在我国有五千多年的种植历史，是我国最重要的口粮作物之一。小麦产业发展直接关系到国家粮食安全和社会稳定。我国小麦的播种面积和产量仅次于水稻居第二位，主要产区分布于长江以北至长城以南，东至黄海、渤海，西至六盘山、秦岭附近的广大地区。

1. 小麦的结构与种类

（1）麦粒的结构

麦粒由皮层、糊粉层、胚乳和胚芽四部分组成，如图 1–1 所示。

1）皮层。皮层包括种皮和果皮，占麦粒总重的 8%～12%，由纤维素和半纤维素组成，磨粉时被除去。

2）糊粉层。糊粉层由纤维素、半纤维素、非面筋蛋白质、少量脂肪和维生素组成，占麦粒总重的 7%～9%，磨粉时也应除去。但其紧贴胚乳，韧性很强，不易与胚乳分离，磨粉时不易完全除去。一般制粉精度越低的面粉，糊粉层含量越高，反之越低。糊粉层与皮层一起构成小麦的麸皮，制粉时皮层较容易与其他部分分离，因而残留在面粉中的麸皮主要是糊粉层部分。在评价面粉工艺性能时，麸皮含量越少越好，因为麸皮会影响面团的结合力、持气力以及制品色泽。

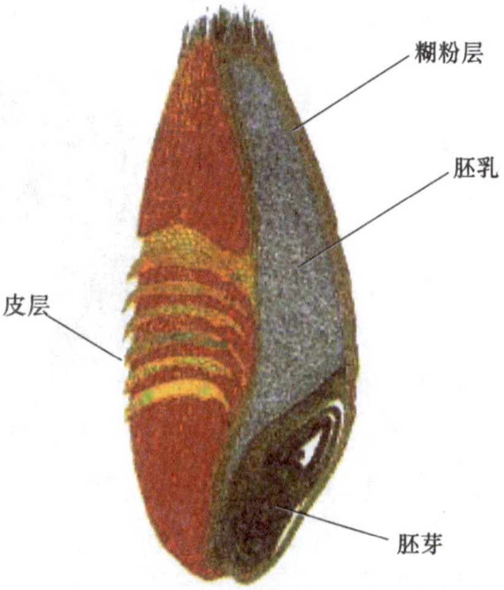

图 1–1　麦粒的结构

3）胚乳。包裹在糊粉层内部的就是胚乳。小麦胚乳是构成面粉的主体，约占麦粒总重的 80%，由淀粉和蛋白质组成。整个麦粒所含的淀粉和蛋白质都集中在胚乳中，面粉的质量、性质也都由这部分物质所决定。

4）胚芽。胚芽位于麦粒的下端，占麦粒总重的 1.4%～2.2%，含有大量的脂肪和酶类，此外还有蛋白质、糖类、维生素等。脂肪和酶易使面粉在储藏中酸败变质，因此磨粉时胚芽与麸皮一起被除去。

（2）小麦的分类

小麦按皮色可分为白麦和红麦，还有介于其间的所谓黄麦、棕麦。白麦大多为软麦，粉色较白，出粉率较高，但多数情况下筋力较红麦差一些。红麦大多为硬麦，粉色较深，麦粒结构紧密，出粉率较低，但筋力较强。

小麦按胚乳质地可分为粉质小麦和角质小麦。一般识别方法是将小麦以横断面切开，其断面呈粉状就称作粉质小麦，呈半透明状就称作角质小麦，介于两者之间的称作中间质小麦。角质小麦又称硬质小麦或硬麦，其胚乳中的蛋白质含量较高，蛋白质充塞于淀粉分子之间，淀粉之间的空隙小，蛋白质与淀粉紧密结成一体，因而粒质呈半透明玻璃质状态，硬度大。通常小麦的蛋白质含量越高，粒质越紧密，麦粒硬度越高。硬质小麦磨制的面粉一般呈砂粒性，大部分是完整的胚乳细胞，面筋质量好，面粉呈乳黄色，适宜制作面包、馒头、饺子等食品，不宜制作蛋糕、饼干。粉质小麦又称软质小麦或软麦，其胚乳中蛋白质含量较低，淀粉分子之间的空隙较大，粒质呈粉质状态，硬度低，粒质软。粉质小麦磨制的面粉颗粒细小，破损淀粉少，蛋白质含量低，适宜制作蛋糕、酥点、饼干等。

小麦按播种季节可分为冬小麦和春小麦。根据气候条件，我国小麦种植区域划分为 3 大自然区，即北方冬麦区（河南、山东、河北、陕西）、南方冬麦区（江苏、安徽、四川、湖北）和春麦区（黑龙江、新疆、甘肃）。一般北方冬小麦质量最好，其次是春小麦，南方冬小麦相对较差。

2. 面粉的化学成分与性质

面粉的化学成分不仅决定其营养价值，而且对面点制品的加工工艺也有很大影响。面粉的化学成分主要有蛋白质、碳水化合物、脂肪、矿物质、水分和少量的维生素、酶类等。小麦粒的化学成分由于品种、产区、栽培气候和条件的不同而变化很大，尤其是蛋白质含量相差最大。面粉的化学成分不仅因小麦品种和栽培条件而异，而且还受制粉方法和面粉等级的影响。

（1）水分

面粉中的水以游离水和结合水两种状态存在。一般情况下，面粉含水量在 13% ~ 14% 之间。若水分含量过高，面粉在储藏时容易结块并发霉变质，更严重的会造成产品质量下降，因此面粉水分含量对生产来说很重要。

（2）蛋白质

面粉中的蛋白质含量因小麦品种、生长地区的不同而异。硬质小麦的蛋白质含量高于软质小麦，春小麦的蛋白质含量高于冬小麦。在小麦籽粒中，蛋白质的分布是越近中心越少，向外逐渐增多。小麦糊粉层和外皮虽然蛋白质含量很高，但不含筋质。

面粉中主要的蛋白质有麦谷蛋白、麦胶蛋白、麦清蛋白和麦球蛋白四种，它们的含量依次约为 49%、39%、8% 和 4%。其中麦谷蛋白与麦胶蛋白均不溶于水和稀盐溶液，但对水有较强的亲和作用，遇水后吸水膨胀，形成所谓的面筋网络结构，是面筋的主要成分，称为面筋性蛋白；而麦清蛋白和麦球蛋白能溶于水和稀盐溶液，不参与面筋的形成，与面团制造工艺关系不大，称为非面筋性蛋白。面筋性蛋白对面团形成具有极重要的意义。

（3）碳水化合物

碳水化合物是面粉的主要组成部分，占面粉成分的 75% 以上，主要包括淀粉、可溶性糖、纤维素等。

1）淀粉。淀粉是面粉中最主要的碳水化合物，占面粉总重的67%左右。小麦籽粒中的淀粉以淀粉粒的形式存在于胚乳细胞中。淀粉是葡萄糖的自然聚合体，根据葡萄糖分子间连接方式的不同可分为直链淀粉和支链淀粉两种。直链淀粉易溶于温水，生成的胶体黏性不大；而支链淀粉需在加热并加压的情况下才溶于水，生成的胶体黏性很大。

淀粉与面团调制和制品质量有关的物理性质主要是淀粉的糊化及老化作用。淀粉的糊化作用是指淀粉粒在适当温度下（一般为60～80 ℃）在水中溶胀、分裂，形成均匀糊状溶液的作用。淀粉粒突然膨胀时的温度称为糊化开始温度。糊化作用使淀粉粒膨大，其体积可增大近百倍形成黏稠的胶体溶液。因各种淀粉粒的大小不同，糊化温度在糊化过程中又会发生变化，所以任何淀粉的糊化作用都有一定的温度范围，如小麦淀粉粒糊化开始温度为48 ℃，糊化中间温度为61 ℃，糊化终了温度为64 ℃。淀粉的老化是指淀粉溶液经缓慢冷却，或淀粉凝胶经长期放置，会变得不透明甚至产生沉淀的现象，如面包、馒头或米饭等在放置时变硬、干缩，失去原来的柔软性，主要就是淀粉发生了老化作用的结果。淀粉老化后，与生淀粉一样，不易被人体消化吸收，因此必须防止食物的回生，烤好的面包、蒸好的馒头、煮好的米饭都应趁热及时食用。

2）可溶性糖。面粉中的可溶性糖主要有蔗糖、麦芽糖、葡萄糖和果糖，其中还原糖（麦芽糖、葡萄糖、果糖）含量为0.1%～0.5%，蔗糖为1.67%～3.67%。面粉中含有一定量的可溶性糖，在发酵面团时作为碳源直接供酵母利用，促进面团发酵。面粉中的可溶性糖也有利于产品色香味的形成。

3）纤维素。纤维素主要存在于麸皮中，因此特制粉中的纤维素含量少，制粉精度低的面粉中的纤维素含量多。面粉中纤维素含量多少，直接影响制品的色泽和口味。纤维素多会影响面团的结合力，使面团持气能力降低，使发酵制品不松软，体积较小，缺乏层次，外观色黄，口味较差；纤维素少的面粉做出的发酵制品松软，体积较大，外观呈白色，口味好，但营养价值低于纤维素多的发酵制品。因为麸皮含量高的面粉含维生素、无机盐等营养成分相应较高，而且一定量纤维素的存在有助于肠胃蠕动，能促进人体对食物的消化吸收，所以生产面包时，往往会把一定量麸皮作为营养强化剂添加到面粉中，以提高面包的营养价值。

（4）脂肪

小麦中的脂肪主要分布在胚芽及糊粉层中，面粉中脂肪含量很少，通常为1%～2%。面粉中的脂肪多由不饱和程度较高的脂肪酸组成。这种高度不饱和脂肪酸在面粉储存过程中易被氧化酸败，使面粉产生陈味及苦味，酸度增加，因此制粉时要尽可能除去脂质含量高的胚和麸皮，以延长面粉的安全储藏期。

（5）矿物质

小麦中的矿物质（钙、钠、磷、铁等）以盐类存在。小麦完全燃烧之后的残留物绝大部分为矿物质盐类，也称为灰分。小麦中的矿物质大部分存在于糊粉层中，胚芽、胚乳中较少。因此，麸皮含量高的面粉，矿物质含量也高。面粉中的矿物质主要有钙、钠、钾、镁、铁等，大多数以硅酸盐和磷酸盐的形式存在。矿物质含量高的面粉稳定性较差。面粉中矿物质含量的多少是评价面粉品级的重要标准。

（6）维生素

小麦中的维生素大部分存在于胚芽和麸皮中，维生素 B 及维生素 E 含量较高，维生素 A 含量较低，含微量的维生素 C，不含维生素 D。特别是焙烤食品在加工过程中须经高温烘烤，有些产品还须加入碱，致使制品中的维生素损失很大，因此，应提倡在焙烤食品加工中强化维生素。

（7）酶

面粉中含有一定量的酶类，主要有淀粉酶、蛋白酶、脂肪酶等。这些酶类对面点制作和面粉储存有着较大影响。

1）淀粉酶。面粉中的淀粉酶分为 α–淀粉酶和 β–淀粉酶。这两种酶在发酵食品中尤为重要。α–淀粉酶能使庞大的淀粉分子迅速裂解成较小的分子，降低淀粉液的黏度，水解产物为糊精、麦芽糖、葡萄糖等。β–淀粉酶从淀粉分子的非还原末端开始水解淀粉分子产生麦芽糖，因此 β–淀粉酶又称糖化酶。

淀粉的水解产物麦芽糖、葡萄糖是发酵面团中酵母的主要营养成分，可以改善发酵类制品的色泽和风味，增大制品的体积并改良制品的纹理结构。

2）蛋白酶。面粉中还含有少量的蛋白酶。加工前的面粉蛋白酶活性较低，在面团中采取激活蛋白酶的措施，比如加入一些硫氢化合物或调节 pH 值接近 4.1，就会导致面筋蛋白质水解，使面团软化至最终液化。因此激活和抑制蛋白酶的活性，面粉的工艺性能会发生改变。对于出粉率高、精度低的面粉，因含有激活剂或较多的蛋白酶，面粉的工艺性能较低，但加入氧化剂可以改善面粉的性能。

3）脂肪酶。小麦籽粒中的脂肪酶，可以催化脂肪水解，使脂肪酸败，产生游离脂肪酸。小麦籽粒中的脂肪主要存在于胚芽中。因此，低等级面粉的脂肪含量高，高等级面粉的脂肪含量低。面粉中脂肪酶的最适 pH 值为 7.5，最适温度为 30 ~ 40 ℃，含脂肪酶较多的面粉及其制品在高温下储存易酸败变质。

3. 面粉的分类

面粉的分类方法很多，常用的有按面粉加工精度分、按面粉筋度分、按面粉用途分三种分类方法。

（1）按面粉加工精度分

各国面粉的种类和等级标准一般都是根据本国人民的生活水平和食品工业发展的需要来制定的。我国现行的面粉等级标准主要是按加工精度来划分的。面粉分为四等：特制一等粉、特制二等粉、标准粉、普通粉。

特制粉又称富强粉，主要由小麦的中心部分胚乳制成，加工精度高，出粉率低，色泽白，手感细腻、爽滑，面筋含量多；标准粉由小麦胚乳、糊粉层等部位制成，出粉率较高，粉色微黄，粉粒较粗，面筋含量较多；普通粉则由胚乳、糊粉层、部分皮层制成，粉色深，组织粗，面筋含量少。

（2）按面粉筋度分

面粉按照筋度可分为高筋面粉、中筋面粉和低筋面粉。

高筋面粉又称高筋粉，蛋白质含量在12.2%以上，吸水率为62%～64%，适合制作面包。

中筋面粉又称中筋粉，是介于高筋粉和低筋粉之间的一种具有中等筋力的面粉。中筋粉在中式面点中的应用很广，如包子、馒头、面条、饺子等，大部分中式面点都是用中筋粉制作的。

低筋面粉又称低筋粉，蛋白质含量低于10%，适于制作蛋糕、混酥点心、饼干等。

（3）按面粉用途分

面粉按照用途可分为通用面粉、营养强化面粉和专用粉。

1）通用面粉。通用面粉多为中筋面粉，以加工精度区分的特制一等粉、特制二等粉均属于通用面粉。

2）营养强化面粉。营养强化面粉是指在面粉加工过程中添加天然或人工合成的营养添加剂，使之成为营养更全面的一种面粉，以弥补营养素的不足。从外表看，普通面粉和营养强化面粉无论是从颜色、味道，还是手感上都很难区别，加工成各种食品后，在外观和口感上也无差异，后者只是更具营养，更有利于人的身体健康。国家规定，凡经过营养强化的食品必须标明“营养强化食品”字样及生产厂家、生产日期、强化品种、强化剂量、食用对象、食用方法等。由于营养素经过一定存放时间或光照作用会失去营养作用，因此，营养强化面粉不宜久存或暴晒。营养强化面粉主要品种有：增钙面粉、富铁面粉、“7+1”营养强化面粉

（“7”指铁、钙、锌、维生素 B_1、维生素 B_2、叶酸、烟酸；“1”指维生素 A）等。

3）专用粉。专用粉指针对某专项产品加工制作的面粉。目前我国专用粉有十几个品种，如面条专用粉、饺子专用粉、油条专用粉、面包专用粉、糕点专用粉、蛋糕专用粉、饼干专用粉、自发粉、预拌粉等。专用粉的基础是专用小麦，如硬红春麦是最好的面包粉小麦，软红冬麦是最好的饼干粉、蛋糕粉小麦。对专用粉的品质要求是均衡、稳定，要求面粉吸水量、筋力一致，不应忽高忽低。

4. 面粉的质量标准

同等级面粉的质量，应以优良面筋蛋白质含量高、水分少、面色白净新鲜、味道正常和含杂质较少的为好，其质量标准从以下几个方面鉴定。

（1）含水量

新修订的面粉国家标准要求面粉的含水量≤ 14.5%。因为含水量与面粉储存和调制面坯时的加水量有密切关系，所以国家对面粉中的含水量有严格的规定。而且超过此限度，面粉就容易发热、结块、黏性降低，甚至霉变。鉴定面粉干湿度的方法，一般是将面粉抓起，紧握一下松开手，如果面粉能恢复到原有的状态，就说明干湿度符合标准要求；如果成团不散开，就说明含水量过高。

（2）新鲜度

面粉的新鲜度可以从面粉的色泽、香味、滋味、触觉等方面来鉴别。

1）色泽。查看面粉颜色，色泽均匀、白净的为优质粉，略有麸屑和色泽较差的为劣质粉。

2）香味。凭嗅觉检验，良好的面粉有新鲜香味和轻微麦香味，凡是有霉味、酸味、臭味、哈喇味等不良气味的，都为变质粉。

3）滋味。先用清水漱口，再将面粉放在舌面上品一下，新鲜、清淡、略带甜味的为优质粉，有异味的为劣质粉或变质粉。

4）触觉。用手指搓揉面粉，有软绵如羊毛状感觉的均为优质粉，如感到过分光滑的则为劣质粉。

5. 面粉筋度的感官鉴别

在实际生产中，难免会出现因放置错误或贴错标签而无法正确区分面粉种类的情况，因此通过视觉和手感来辨别高筋面粉、低筋面粉和中筋面粉是必要的。

高筋面粉在指尖揉搓时会有粗糙感，如果在手中捏成小块，松手以后，粉块就会立即散开，其颜色为乳白色。低筋面粉感觉非常光滑细腻，捏成小块松手后会保持原状，低筋面粉颜色为白色或略偏乳白色。中筋面粉的手感介于高筋面粉和低筋面粉之间，捏成小块，松手后粉块似散非散，颜色与高筋面粉相近，为乳白色。

二、设备与器具

面点加工设备与器具是实现面点工艺过程的重要条件。从面点的发展历史看，面点制作技术的进步与发展都与面点加工设备与器具的产生、发展和改良密不可分。面点的产生是以制粉工具的出现为前提的，战国之前出现的杵臼、石碾棒、石碾盘、碓、石磨等简陋工具只能进行谷物的粉碎操作，或先熟制，后舂制的粗制粉食加工。直至战国初期，具有磨浆或磨粉功能的旋转石磨的出现，才使精制面点的制作成为可能。之后，具有辐射状磨盘的先进石磨和分离工具"绢罗"的广泛使用，使我国汉代至南北朝时期的面点制作进入一个重要的发展时期。唐朝以后，水磨、畜磨和人工磨的大量使用，使面粉加工成为当时的一大行业。与此同时，具有煮、蒸、烙、烤、煎等熟制功能的各种陶器、青铜器和铁器的发展，使传统中国面点制作工艺发展至宋元时期已形成大繁荣局面。明清时期，磨具的改良和"河漏床"、印模等成型工具以及新烘炉、烘盘、蒸笼、饼鏊等各种熟制器具的普遍使用，将中国面点制作技术的发展推入一个鼎盛时期。而从近代发展到现代，随着各种新材料、新器具、新能源的广泛使用，大量现代化设备被引入面点制作的各个工艺环节，中国传统面点的生产由此步入大发展和大繁荣时期。由此可见，面点加工设备及器具在实现工艺要求，改良品质，丰富品种，提高工效和促进面点制作技术发展中有重要地位和作用。面点加工设备及器具包括传统手工操作器具和现代机械设备两大类，前者受我国面点制作传统流派和区域特征的影响，种类繁多；后者因企业生产规模和工业化控制的要求而异，类型多种多样，目前已形成多个系列的食品工业生产设备及自控流程。

1. 设备

（1）和面机

和面机又称调粉机、拌料机等，在面点生产中用于将面粉、糖、油、水、乳等原料进行混合、揉和、搅拌等工艺操作，以此调节面团的吸水性、胀润性、可塑性、韧性和原料混合的均匀分散性。调制面团时，由于黏性很大，流变性能差，因此和面机的各部件结构强度比一般搅拌器要大得多，工作轴的转速也较低，一般为 20 ~ 80 r/min。和面机通常由机架、电动机、传动机构、搅拌器、料缸等部件组成。和面机电压多使用 380 V；如果和面量少，也可用 220 V 电压的和面机。用和面机和面，效率比手工操作高 5 ~ 10 倍。

1）种类。常用的和面机有卧式和面机和立式和面机两种类型。

①卧式和面机（见图 1–2）。卧式和面机结构简单，清洗、卸料操作方便，制造、维修简便，生产能力强。有些卧式和面机具有自动定量加水、自动控制面坯温度、定时停机、自动放料等功能，自动化程度高，通常使用 380 V 电压。一般餐饮企业用卧式和面机的和面量有 15 kg、25 kg、30 kg 几种，大型食品厂有 50 kg、75 kg、100 kg、200 kg 几种。其一般搅拌速度为 50 ~ 100 r/min。

②立式和面机（见图 1–3）。立式和面机在糕点房应用较为广泛。其搅拌桨回旋轴线为垂直方向，搅拌桨垂直或倾斜安装。立式和面机转速慢，发热量小，能使面坯形成良好的面筋组织。和面量有半包粉（12.5 kg）、1 包粉（25 kg）、2 包粉（50 kg）、3 包粉（75 kg）几种。

图 1–2 卧式和面机

图 1–3 立式和面机

2）使用方法。以立式和面机为例，使用方法如图 1–4 所示。

①将原料倒入面缸内，加入水等原材料

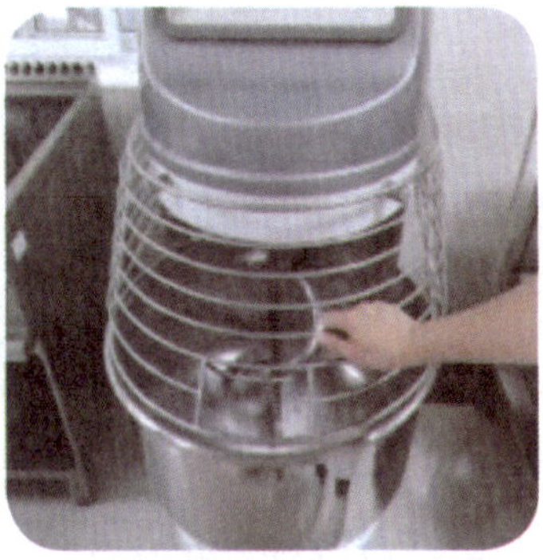

②盖上保护网

③打开总开关

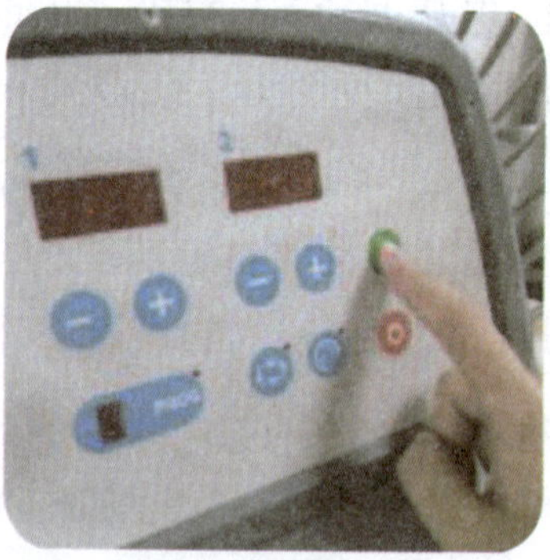
④按“开始”按钮

⑤先慢速搅拌

⑥再快速搅打成团

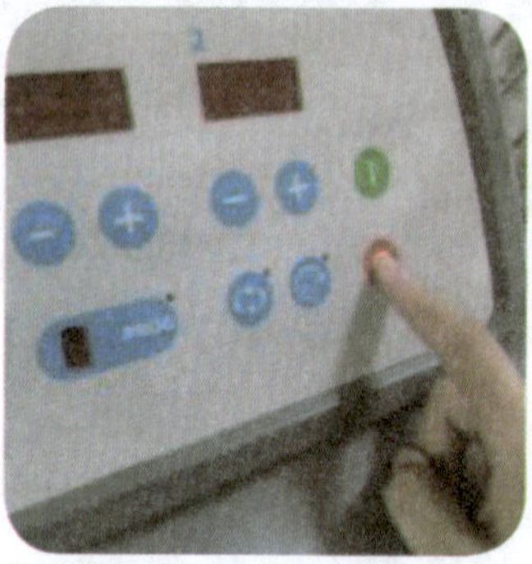
⑦面团和制完成后按“关闭”按钮

⑧若发生意外，可按下“紧急制动关闭”按钮

图 1–4　和面机的使用

3）注意事项。

①操作人员衣帽整齐，衣袖不要过长，机器要专人专用。

②操作前先检查机器周围有无障碍物，面桶内有无杂物。

③检查完毕后，开空机试运转，观察运行是否正常，各按钮有无失灵现象，有无异常声音和异味，外壳是否漏电。

④和面机不允许搅拌其他物品，以防面桶生锈和油封损坏。

⑤和面过程中严禁往桶内伸手或用刀取面，卸面应在机器停止转动后进行，不得边转边卸。

⑥倒桶时位置不要过低，以防倒桶惯性把涡轮咬死。

⑦操作过程中如发现异常，应及时断开电源开关，找维修人员进行处理或向上级主管领导汇报，其他人员不得拆卸机械和电气部分，以防发生事故或造成维修不便。

⑧使用完毕，应清理各部位，用布擦净，定时给各油孔加油，以防生锈。

（2）压面机

压面机又称轧面机、辊压机、压延机或面皮辊压机。其功能是将和面机调拌好的松散面坯，通过一组或多组压辊的作用，轧成紧密的、具有一定厚度的成型面片。在压制过程中，面筋网络的形成，使得面片具有一定筋力和韧性且表面光滑。压面机包括轧辊、电动机、机架、间隙调节装置、传动装置输送带、工作台等主要部件。

1）种类。常用的压面机有老式压面机和自动压面机两种，如图 1–5 所示。

老式压面机由料斗、厚度、调节阀、接料板、电机、皮带及保护罩组成，对员工操作要求较高。

自动压面机主要由机架、传动部分、输送折叠部分、翻压部分组成。传动部分主要采用链传动，具有传动平稳、噪声小、使用方便、安全性能良好的特点。

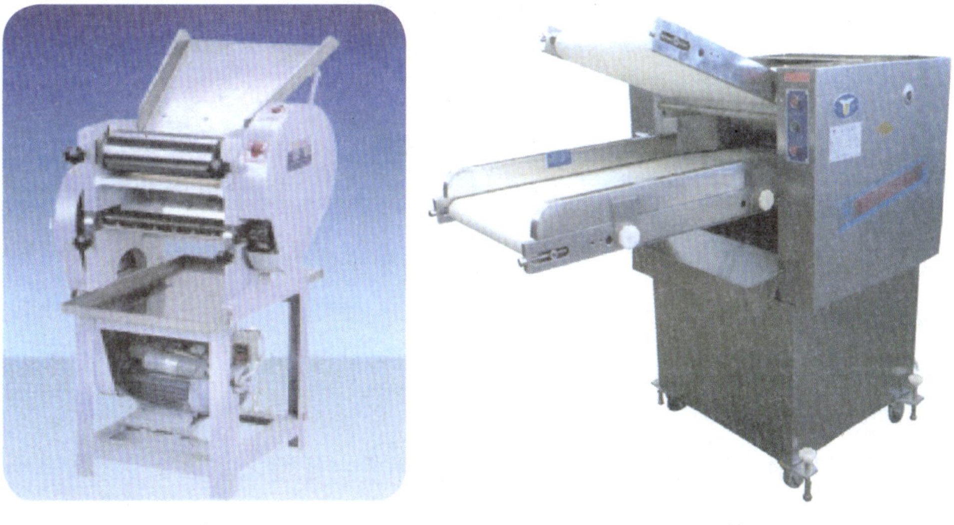

a)　　b)

图 1–5　压面机

a）老式压面机　b）自动压面机

2）使用方法。以老式压面机为例，使用方法如图 1–6 所示。

①开机前调整好所需轧辊间隙

②将面坯放在压面机上

③开启开关

④压制面团

⑤完成后关闭电源开关

图 1–6　压面机的使用

3）注意事项。

①操作人员衣帽整齐，衣袖不得过长，工作中注意力要集中。

②应懂得操作规程，做到机器专人专用。

③操作前先确认压面机内轧辊上无杂物，开空机试运转，观察运转是否正常，外壳有无漏电，有无异常声响。

④压面过程中，不得用手用力下按，严禁用手在轧辊之间拿面，出条时手不要靠轧辊太近去揪面，以防轧手。

⑤压面机不得压其他食品，以防损坏轧辊。

⑥操作过程中如发现异常，应及时断开电源开关，找维修人员进行处理或向

上级主管领导汇报，其他人员切勿擅动电气部分。

⑦使用完毕，应清理各部位，用布擦净，定时给各油孔加油，以防生锈。

2. 器具

（1）秤

1）种类。秤是中式面点中主要用于称量原料和成品重量的工具。常使用的有杆秤、盘秤、电子秤。

①杆秤。杆秤有木质和铜质两种，根据秤杆上的刻度来确定重量。杆秤一般用于称量重量较小的原料，如图 1–7 所示。

②盘秤。从盘秤指示盘可直接看到原料的重量，使用较普遍，如图 1–8 所示。

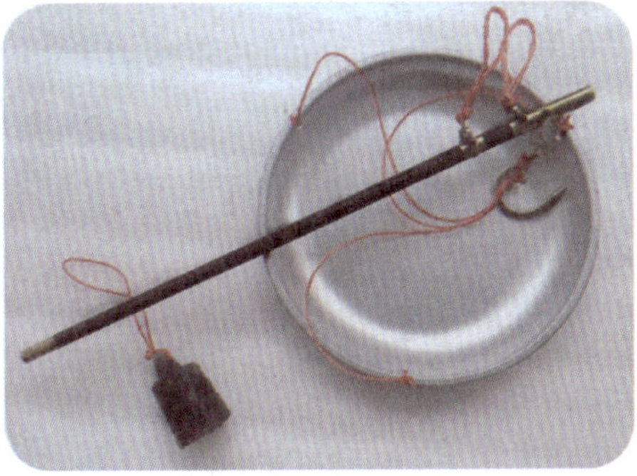

图 1–7　杆秤

图 1–8　盘秤

③电子秤。电子秤是面点制作中的主要称量工具，使用方便快捷，直接显示重量，最小称重显示值为 1 g，目前在餐饮业中使用最广，如图 1–9 所示。

图 1–9　电子秤

2）使用方法。以常用电子秤为例，使用方法如图 1–10 所示。

①将秤放置在平整稳当的案台上

②打开电源开关，放上空盆，按下归零键

③按要求倒入所需称量的物料，显示屏上直接显示其重量

④完成后关闭电源开关

⑤用布将秤擦拭干净

图 1–10　秤的使用

3）注意事项。

①秤在使用时，一定要看清刻度和数字，以免称错而影响成品质量。

②电子秤电池电量低时，应及时更换电池或者充电。

③使用完毕，应将秤擦拭干净，以免生锈。

（2）量杯

量杯是杯壁上有容量标识的杯子，可用来量取一定体积的液体原料，如水、油等。

1）种类。从材质上来分，量杯有塑料量杯、玻璃量杯和不锈钢量杯，常见容量有 250 mL 、500 mL 和 1 000 mL 几种，如图 1–11 所示。

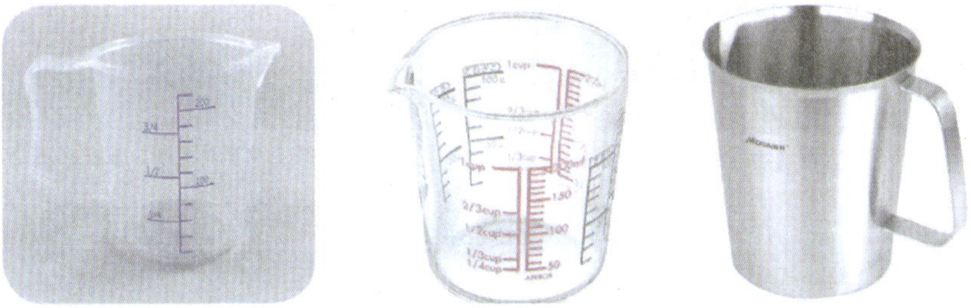

a)　　b)　　c)

图 1–11　量杯

a）塑料量杯　b）玻璃量杯　c）不锈钢量杯

2）使用方法。以不锈钢量杯为例，使用方法如图 1–12 所示。

3）注意事项。

①塑料量杯和玻璃量杯是透明的，能直观地看到称量的水平线，而不锈钢量杯则不易看到。

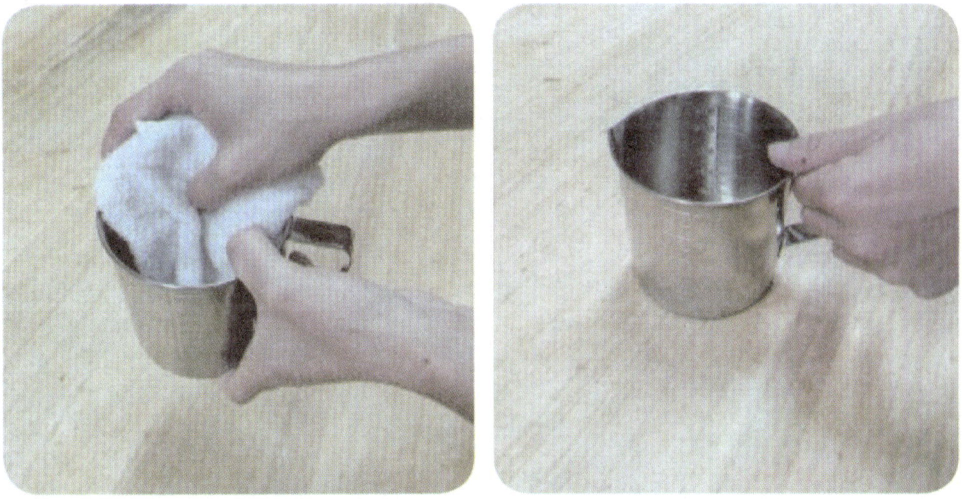

①用时在固定处拿取，并将量杯擦拭干净　　②将量杯放在干净平稳的案台上

③倒入需使用的液体

④使用完毕后将量杯擦净，放在固定处，并保持环境干燥

图 1–12　量杯的使用

②使用量杯测液体体积，读数时量杯要放在水平案台上。

③量杯每次用完一定要擦拭干净，确保无水渍。

（3）刮板

刮板用于清理工作台上面的粉粒、水渍、油污等，有不锈钢刮板和塑料刮板两种类型，如图 1–13 所示。

a)

b)

图 1–13　刮板

a）不锈钢刮板　b）塑料刮板

培训单元 2　冷水面坯调制

培训重点

1. 熟悉水调面坯的概念、分类与特点。
2. 掌握和面、揉面、饧面的方法与注意事项。
3. 掌握冷水面坯的调制方法。
4. 掌握冷水面坯调制的技术要领。

知识要求

一、水调面坯的概念、分类与特点

1. 水调面坯的概念

水调面坯是指直接用面粉和水调制而成的面坯。调制面坯时除了可加少量盐、碱等外，一般不加其他辅料。水调面坯在不同的地域有不同的叫法，如水面、呆面、死面等。

2. 水调面坯的分类与特点

（1）分类

根据面坯调制时所用水温的不同，水调面坯又可分为三种：冷水面坯、热水面坯、温水面坯。这三种面坯都是用清水和面粉调制而成的，但是这三种面坯的特性不同。

（2）特点

1）冷水面坯。冷水面坯亦称子面，指用冷水（通常指常温的水）与面粉调制而成的面坯。面坯具有良好的弹性、韧性和延伸性。成品一般色泽洁白，口感爽滑筋道。

2）热水面坯。热水面坯是用 80 ℃以上的热水与面粉调制而成的面坯。面坯黏性大、可塑性强，但韧性差、无弹性。成品色泽较暗，口感软糯。

3）温水面坯。温水面坯是用 60 ℃左右的温水和面粉调制而成的面坯。面坯的黏性、韧性和色泽均介于冷水面坯和热水面坯之间，质地柔软，可塑性较强。

二、面坯调制基本操作技法

我国面点虽然种类繁多，花色复杂，但经过演变，面点制作已形成了一套科学且行之有效的工艺流程。这些工艺流程虽因地域、风味的差异有所区别，但总体来说大同小异。

面点制作的一般工艺流程如图 1–14 所示。

制馅→上馅
↓
配料→和面→揉面→饧面→搓面→下剂→制皮→成型→熟制→成品

面坯调制（配料→饧面）　面点成型（搓面→成型）

图 1–14　面点制作的一般工艺流程

因各种面点制品的要求不同，物料的性质不同，不同面坯调制工艺的内容也不同。面坯调制工艺的内容一般来说包括配料和调制面坯，调制面坯的方法有手工调制面坯、和面机调制面坯。

面坯调制通常是面点制作的第一道工序，也是最基本的一道工序。从某种意义上讲，没有面坯就无所谓面点制品。而粮食粉料的种类不同、掺入的辅助原料不同、采用的调制方法不同，形成的面坯性质也就各不相同，因此，才能得到不同质感、各有特色的面点制品。

面坯调制的基本操作内容包括配料、和面、揉面、饧面。

配料包含两方面的含义，一是指各原料恰当的用料比例、用料量，二是指原料的合理选用。

调制面坯或制作面点品种，首先涉及的是该产品的配方，而配方是根据产品的品质要求制定的。一方面，只有严格按照配方给定的用料比例或投料量进行制作，才能够确保产品质量。另一方面，配方并不是一成不变的，当顾客的要求发生变化时，应灵活调整配方，使之符合改变后的面点品质要求。

同一品名的原料，其性质、性能可能会有较大差异，应根据面点的品质要求、制作工艺要求合理选用，用量与配方相符。当某一原料缺货而使用替代品时，替代品的性能应尽量与原产品一致；若有差异，则应调整配方，以保证产品质量。

1. 和面

和面就是将粉料与水等辅料掺和调制成团的过程。和面是面点制作的重要环节，和面质量直接影响面点工艺流程能否顺利进行及成品质量。和面的方法主要有手工和面与机器和面两种。

（1）手工和面

1）手工和面的基本手法。和面的手法主要有三种，即抄拌法、调和法、搅和法，其中抄拌法使用最为普遍。

①抄拌法。将面粉放入盆中或放在案板上，中间挖一个坑塘，加入水等辅料，用一只手或双手在坑内由外向内、由下向上，手不沾水，以水推粉，抄拌成雪花状，再加入少量水揉搓成面团，达到“三光”，即手光、面光、盆光，如图 1–15 所示。

②调和法。将面粉放在案板上围成中间薄边缘厚的圆形，将水倒入中间，双手五指张开，从内向外慢慢调和，使面粉与水结合，面成雪花状后，再掺入适量的水和在一起，揉搓成面团，如图 1–16 所示。

图 1–15 抄拌法

图 1–16 调和法

③搅和法。将面粉放在盆内，一手浇水，一手拿着擀面杖或者筷子搅拌，边浇边搅，水倒完，面成团，如烫面工艺等，如图 1–17 所示。

2）手工和面的技术要领。

①和面姿势要正确。在调制面坯时，需要一定的臂力和腕力。为了便于用力，正确的姿势是：两脚稍分开站立，面粉中间开窝，然后分次将液体原料或者其他辅料掺入，逐渐拌成雪花状，最后洒上少量水揉搓成光滑的面坯。

图 1–17　搅和法

②掺水量要适当。掺水量要依据面点品种、季节和面坯种类不同而定。掺水时要根据面粉的吸水情况分次加入，不能一次加大量的水，这样才能保证面坯的质量。

③动作要迅速、干净利索。无论哪一种和面手法，都要求投料吃水均匀，符合面坯的性质要求。面和好以后，要做到手不粘面、面坯表面光滑、面不粘盆。

（2）机器和面

机器和面是指餐饮业应用和面机调制面坯的方法。和面机调制面坯的基本原理是和面机搅拌桨旋转工作后，将面粉、水、油脂、糖等原料搅拌混合均匀，再经搅拌桨的挤压、揉捏作用，进而使面团颗粒相互粘连在一起形成面坯。

使用和面机和面的操作必须以适应面团工艺要求为基础，要正确掌握原料投料顺序，选择适宜的和面机转速，且搅拌时间要适当。

2. 揉面

揉面是将和面阶段形成的粗糙面坯经过反复揉搓，使粉料和辅料调和均匀，形成柔润、光滑的面团的过程。和面后，大部分面粉吸水不均匀，面团不够柔软滑润，工艺性能达不到制品的要求。通过揉面可促使各原料均匀混合，促进面粉中的蛋白质充分吸水形成面筋，增加面团筋力，使面团光滑、柔润。揉面是调制面团的重要工序，也是确保下一道工序顺利进行的关键。

（1）揉面的基本手法

揉面的手法主要有揉、捣、搋、摔、擦、叠六种。

1）揉。揉是运用最广泛的一种揉面技法，分单手揉、双手揉和双手交替揉三种类型。

①单手揉。用左手拿住面坯一头，右手掌根将面坯向前推压，摊开，卷拢回来，翻上“接口”旋转90°，继续再推，再卷，反复多次，直至揉匀为止，如图1–18a所示，一般用于较小面坯。

②双手揉。用双手掌根压住面坯，用力向外推动，把面坯摊开，同时从外逐步卷回来成团，翻上“接口”，再向外推压摊开、卷起，直到揉匀揉透、面坯光滑为止，如图1–18b所示，一般用于较大面坯。

③双手交替揉。先用右手掌根压住面坯，向前推压、卷回，再用左手掌根压住面坯，向前推压、卷回，如此双手交替操作，面坯呈条状向两侧延伸，然后将面坯两头折回，继续推压，直到面团揉匀揉透，如图1–18c所示，一般用于中等大小面坯。

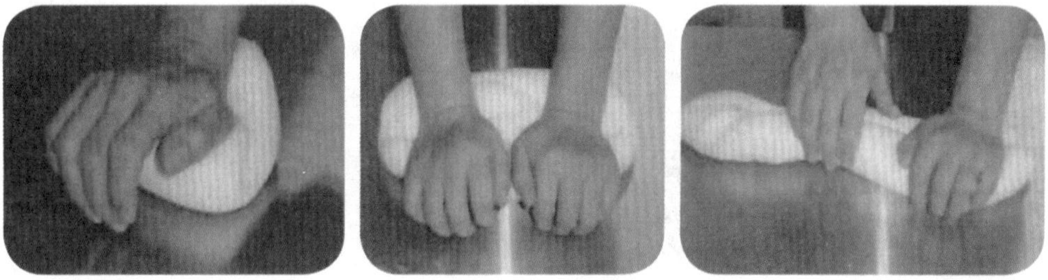

a)　　b)　　c)

图1–18　揉

a）单手揉　b）双手揉　c）双手交替揉

2）捣。捣是指面和成团后，将表面沾湿、缺乏弹性和韧性的面团放在缸盆内或案板上，双手紧握拳头，在面的各处用力向下均匀捣压，力量越大越好。面被捣压而挤向缸盆或案板的周围时，再将其叠拢到中间，继续捣压，如此反复多次，直至把面坯捣透、光滑上劲为止，如图1–19所示。

3）搋。搋是指双手握拳，交叉在面坯上搋压，边搋、边压、边推，把面坯向外搋开，卷后再搋，如图1–20所示。搋比揉的劲大，能使面坯更均匀、柔顺、光润。

4）摔。摔分为两种手法。一种是固态面坯的摔法：右手举起面坯，手不离面，摔在案板上，顺势卷起，用左手抓住面坯迅速转换给右手摔在案板上，如此反复，直至摔匀为止，如抻面面团先搋后摔，可使面坯更加滋润有劲。另一种是稀软面坯的摔法：用手捧起面坯，脱手摔在盆内，摔下，捧起，再摔，直至将面坯摔均匀为止，如图1–21所示。春卷面的调制就是运用此法。

图1-19　捣

图1-20　搋

5）擦。擦是主要用于油酥面坯和部分米粉面坯的调制工艺。其方法是在案板上把油与面和好后，用手掌根把油面坯一层层向前推擦，使油和面相互粘连，形成均匀细腻无颗粒的面坯，如图 1–22 所示。

图1-21　摔

图1-22　擦

6）叠。叠是主要用于混酥面坯、浆皮面坯的调制方法。先将配料中的油、糖、蛋、乳、水等原料混合乳化，然后与干性粉料拌和，用双手或与刮板配合操作，上下翻转、叠压面团，使粉料与糖、油等的混合物层层渗透，从而黏结成团，如图 1–23 所示。叠制操作的主要目的是防止面团生筋，避免面团内部过于紧密而影响制品疏松效果。

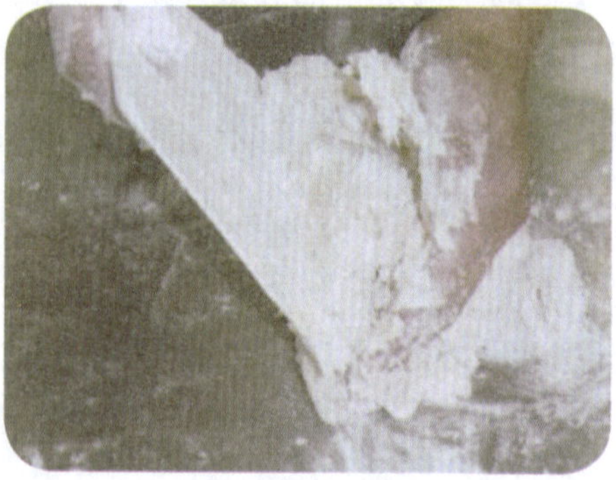

图1-23　叠

（2）揉面的技术要领和标准

1）揉面时要用巧劲，既要用力，又要把面揉活，必须手腕着力，而且力度要均匀适当。

2）揉面时要按照一定的次序，顺着一个方向揉，不能随意改变，否则不易使面坯达到光洁效果。

3）揉发酵面时，不要用死劲，不要反复不停地揉，避免将面揉死而达不到膨松的效果。

4）揉匀面坯后，不要直接做成品，一般要饧面 10 ~ 15 min。

3. 饧面

面坯调制好后，放在案板上，盖上洁净湿布静置一段时间，这在餐饮业中称为饧面。饧面也是保证面坯质量的一个关键因素。

（1）饧面的作用

1）使面坯中未吸足水分的粉粒有充分吸收水分的时间。

2）使面坯中没有伸展的面筋得到进一步规则伸展。

3）使面坯松弛。经反复揉搓后的面坯，面筋处于紧张状态，韧性强，静置一段时间后，面筋得到松弛缓解，延伸性增大，更便于下一道工序进行。

饧面时，面坯表面必须加盖湿布或保鲜膜，避免面坯暴露在空气中，而使其表面失水干燥甚至结皮，如图 1–24 所示。

图 1–24 饧面

（2）饧面的方法和技术要领

1）饧面的方法。面坯置于案板上或盆中，用湿布或保鲜膜覆盖或包裹，根据面坯软硬及产品质量需要静置 10 ~ 30 min，甚至更长时间。

2）饧面的技术要领。

①面坯饧面期间不能直接暴露在空气中，防止面坯表面风干结皮。

②饧面时间适宜。饧面时间太短，面坯松弛不够，不利于成型操作；饧面时

间太长，易使面坯过于柔软而影响成型操作。

三、冷水面坯调制工艺

冷水面坯是用冷水（通常指常温的水）与面粉调制而成的面坯。

1. 冷水面坯的分类与特点

（1）冷水面坯的分类

按面粉的加水量，冷水面坯可分为硬面坯、软面坯、稀软面坯。

（2）冷水面坯的特点

冷水面坯具有质地硬实、筋性好、韧性强、劲大、延伸性好的特点，便于按皮、切条、包捏与成型，适合制作水饺、面条、馄饨、春卷等，制成的成品色白、口感爽滑、有劲。

2. 冷水面坯调制主要原料及参考配方

冷水面坯调制主要原料及参考配方见表 1–1。

表 1–1　冷水面坯调制主要原料及参考配方　　g

面坯	面粉	常温水	适宜品种
硬面坯	500	175 ~ 245	面条、水饺
软面坯	500	250 ~ 345	抻面、家常饼
稀软面坯	500	350 ~ 450	春卷皮、拨鱼面

3. 冷水面坯的调制方法

将面粉放在工作台上，中间开窝，加入冷水，用手抄拌、揉搓，使水与面粉均匀结合成粗糙的面坯，经过反复揉搓使面坯表面光滑、有劲、不粘手，再包上保鲜膜静置 20 min。根据面点品种的需要，有时可以在冷水面坯中加入少量盐和碱面，从而提高面坯的弹性和筋力。

4. 冷水面坯调制技术要领

（1）确定水量

加水量要根据成品需要而定，同时要考虑面粉质量以及温度、湿度等因素。面粉加水调制成团后不宜再加水或面粉来调节软硬，否则不仅浪费时间和人力，还会影响面坯质量。因此，加水量要事先确定，总的原则是在保证成品软硬需要的前提下，根据各种因素加以调整。

（2）水温适当

温度影响面筋的生成量，温度为 30 ℃时最有利于面筋蛋白质吸水形成面筋。因此冬季气温低时，调制冷水面坯可用微温的水；夏季气温高时可掺入少量冰水来降低水温，以及添加适量的盐，增加面筋的强度和弹性，促使面团组织紧密。

（3）分次掺水

调制面坯时，一定要分次加入水，分次加入不仅便于调制，还可以随时了解面团的吸水情况。分次掺水的比例一般为：第一次加水占掺水量的 60% ~ 70%，第二次为 20% ~ 30%，第三次约 10%。如果一次加入太多的水，面粉一次吃不进去就会造成窝水现象，使面坯粘手。

（4）用力揉搋

冷水面坯中致密的面筋网络主要是靠揉搋力量形成的，只有用力反复揉搋，才能使面坯滋润，表面光滑不粘手。

（5）静置饧面

和好的面坯要用保鲜膜包好静置 10 ~ 30 min，或者更长时间。时间视面坯性质而定，目的是让面坯中未吸足水分的颗粒进一步充分吸水，更好地生成面筋网络，提高面筋的弹性和光滑度，使面坯更滋润。

技能操作

技能 1　调制冷水硬面坯——水饺面坯

饺子是中国传统食物，在我国经历了漫长的发展岁月，民间对饺子有许多不同的称呼，如扁食、角子、饽饽等。饺子花色品种繁多，其中水饺既是中国民间的主食和地方小吃，也是年节食品。有一句民谣是：“大寒小寒，吃饺子过年。”

一、操作准备

1. 原料

水饺面坯调制主要原料及参考配方见表 1–2。

表 1-2　水饺面坯调制主要原料及参考配方　　g

原料	用量
面粉	500
冷水	245
盐	5

2. 设备与器具

工作台、面盆、电子秤、量杯、保鲜膜。

二、操作步骤

准备原料→调制面坯→静置饧面

步骤 1　准备原料

称取 500 g 面粉倒在面盆中备用，加入 5 g 盐，用量杯量取 245 g 冷水。

步骤 2　调制面坯

将 160 g 水倒入面盆中，将面粉抄拌成麦穗状，再加入 60 g 水继续抄拌成大的麦穗状，最后把 25 g 水洒在面上揉和成团，将面坯放置在工作台上反复揉搓至光滑。

步骤 3　静置饧面

将和好的面坯用保鲜膜包裹好，静置饧面 30 min。

三、操作要点

1. 要根据面粉的吸水情况调节加水量。蛋白质含量高、筋力强的面粉吸水率较高，调制面坯时应适当增加水量。

2. 和面时水要分次加入，面粉与水混合抄拌成麦穗状有利于判断面粉的吸水情况。

3. 面坯要反复揉搓，达到手光、面光、盆光的“三光”标准。

4. 饧面时包裹保鲜膜或盖上湿布，避免面坯表面结皮。

四、质量要求

面坯质地致密、均匀，表面光滑细腻，有良好的弹性和韧性。

技能 2　调制冷水软面坯——抻面面坯

抻面是一种独特的传统面食，滑爽筋道，鲜香清口，独具风味。它既是面条的一个品种，又是一项面点制作传统技术。

一、操作准备

1. 原料

抻面面坯调制主要原料及参考配方见表 1-3。

表 1-3 抻面面坯调制主要原料及参考配方 g

原料	用量
面粉	500
冷水	320
盐	7

2. 设备与器具

工作台、面盆、电子秤、量杯、保鲜膜。

二、操作步骤

准备原料→调制面坯→静置饧面

步骤 1 准备原料

称取 500 g 面粉倒在面盆中备用，加入 7 g 盐，用量杯量取 320 g 冷水。

步骤 2 调制面坯

倒 220 g 冷水在面盆中，搅拌面坯，然后在宽底浅缸盆内摔面，同时分多次加入 70 g 冷水并摔打均匀，最后把 30 g 冷水洒在面坯上和成软面坯。注意每一次加水量要适量，通过摔打面坯，待水全部吸收后，再加水，直至面坯筋力和韧性非常强，成为光滑细腻的软面坯。

步骤 3 静置饧面

把和好的面坯用保鲜膜盖好，饧面后成抻面面坯。

三、操作要点

1. 要根据面粉的干湿度调整掺水比例，干燥的面粉掺水量要适量增加，潮湿的面粉要减少掺水量。

2. 和面时水要分次加入，使面粉均匀吸收水分，使面团软硬适度。

3. 面坯要摔打到位，达到手光、面光、盆光的“三光”标准。

4. 掌握面坯的静置饧发时间，静置时间的长短直接影响面坯面筋网络的形成和成品的质量。

四、质量要求

面坯表面光滑，质地柔软、致密，有良好的弹性和延伸性。

技能 3　调制冷水稀软面坯——春卷皮面坯

春卷是由古代立春之日食用春盘的习俗演变而来的。这款中国的历史名点不仅在国内各地深受老百姓喜爱，而且还走向了世界。春卷的馅心可荤可素，可咸可甜，知名的有肉丝韭菜春卷、荠菜春卷、三鲜春卷、豆沙春卷等。

一、操作准备

1. 原料

春卷皮面坯调制主要原料及参考配方见表 1–4。

表 1–4　春卷皮面坯调制主要原料及参考配方　　g

原料	用量
面粉	500
冷水	400
盐	10

2. 设备与器具

工作台、面盆、电子秤、量杯、保鲜膜。

二、操作步骤

准备原料→调制面坯→静置饧面

步骤 1　准备原料

称取 500 g 面粉倒在面盆中备用，加入 10 g 盐，用量杯量取 400 g 冷水。

步骤 2　调制面坯

倒 280 g 冷水在面盆中，面粉搅拌成团，然后在宽底浅缸盆内摔面，同时分多次加入 80 g 冷水摔打均匀，最后把 40 g 冷水洒在面坯上和成稀软的面坯。注意每一次加水量要适量，通过摔打面坯，待水全部吸收后，再加水，直至面坯非常柔软，筋力和韧性强，能够自如地拿在手中操作。

步骤 3　静置饧面

把摔好的面坯用保鲜膜盖好，饧面后成春卷皮面坯。

三、操作要点

1. 要根据面粉的干湿度调整掺水比例，干燥的面粉掺水量要适量增加，潮湿的面粉要适量减少加水量。

2. 和面时水要分次加入，使面粉和水混合均匀。

3. 面坯要摔匀摔透，使面坯上劲、光滑、柔软。

4. 面坯应充分饧面，以促进面筋形成和增加面坯柔软性。

四、质量要求

面坯表面光滑，非常柔软，有良好的筋力和延伸性。

培训单元 3　温水面坯调制

培训重点

1. 熟悉温水面坯调制的工艺流程。
2. 掌握温水面坯的调制方法。
3. 掌握温水面坯调制的技术要领。

知识要求

温水面坯是由 60 ℃左右的温水调制而成的面坯，其特点是色白有韧性，富有可塑性、延伸性，做出的成品不易走形，适合制作各种花式蒸饺、饼类。温水面坯掺入水的水温与蛋白质热变性和淀粉膨胀糊化温度接近，因此，温水面坯本质是淀粉和蛋白质都在起作用，但其作用既不像冷水面坯，又不像热水面坯，而是在两者之间。蛋白质虽然接近变性，又没有完全变性，还能形成面筋网络，但因水温较高，面筋形成又受到一定的限制，因而面坯能保持一定的筋力，但筋力不如冷水面坯；淀粉虽已膨胀，吸水性增强，但还只是处于部分糊化阶段，面坯虽然较黏柔，但是黏柔性却比热水面坯差。

一、温水面坯调制主要原料及参考配方

温水面坯调制主要原料及参考配方见表 1–5。

表 1–5 温水面坯调制主要原料及参考配方 g

面坯	面粉	水（60 ℃左右）	适宜品种
温水面坯	500	225～325	花式蒸饺、家常饼等

二、温水面坯的调制方法

将面粉倒入面盆内，加入温水进行调制。手法与冷水面坯调制基本相似，即先将面粉置于工作台上，中间开窝，掺入温水，迅速与面粉拌和，抄拌成雪花状，反复揉搓至面团光滑，此后将面团摊开或切成小块晾凉，再进一步揉搓成团，盖上湿布或保鲜膜备用。

三、温水面坯调制技术要领

温水面坯既要有冷水面坯的韧性、弹性、筋力，又要有热水面坯的黏性、糯性、柔软性，因此调制温水面坯要掌握如下技术要领。

1. 水温要准确

全用温水调制面坯时，水温控制在 60 ℃左右。水温过高，面坯过黏无筋力；水温过低，面坯筋道不柔软，无糯性。

2. 及时散去面坯中的热气

面团和好后，要摊开晾凉，待热气完全散尽再揉成面坯。因为用温水和面后，面团有一定温度，热气积聚在面团内部，易使淀粉继续膨胀、糊化，面团会逐渐变软、变稀，甚至粘手，制品成型后易结壳，表面粗糙。因此，面团和好后，应摊开或切成小块晾凉，使面团中的热气散去，水分也散失一些，这样确保淀粉不再继续吸水。

3. 操作动作要快

若操作动作过于缓慢，尤其在冬季，气温较低，则水温、面团温度会很快降低，使调制的面坯达不到要求。

4. 备用面坯要用湿布盖上

备用面坯要用湿布盖上，避免面坯表皮结壳。

技能操作

技能 1 调制温水面坯——家常饼面坯

家常饼是一道口味香脆的小吃，主要食材是白面，含有蛋白质、脂肪、维生素、矿物质等多种营养物质。

一、操作准备

1. 原料

家常饼面坯调制主要原料及参考配方见表 1–6。

表 1–6 家常饼面坯调制主要原料及参考配方 g

原料	用量
面粉	500
水（60 ℃左右）	300

2. 设备与器具

工作台（面盆）、电子秤、量杯、长筷子、保鲜膜。

二、操作步骤

准备原料→调制面坯→静置饧面

步骤 1 准备原料

根据制品的要求把原料盛好，放在工作台上开窝。

步骤 2 调制面坯

加入 210 g 温水，用长筷子搅成麦穗状，再加入 60 g 温水继续搅拌均匀，最后把剩下的温水加入面团中，用搓、揉的工艺方法和成面坯。

步骤 3 静置饧面

把和好的面团分割成小块，散尽面团中的热气后，揉搓成组织细腻、外表光滑的面坯，用保鲜膜包好静置 20 min 后成家常饼面坯。

三、操作要点

1. 正确掌握和面温度，防止水温低而导致面坯有劲，影响产品质量。

2. 面坯中的热气要散尽，否则不好操作，影响成品质量。

3. 和好的面坯静置饧面的时间要充足，否则不易擀制。

四、质量要求

软硬适中，组织细腻，延伸性良好。

技能 2　调制温水面坯——荷叶饼面坯

荷叶饼是由秦汉时的“白饼”演变而来的，距今已有两千多年的历史。宋代《东京梦华录》中有荷叶饼的记载。荷叶饼在有的地方又称为春饼、合页饼，都是用两个面剂刷油后合在一起擀成薄饼，成熟后揭开成两张。

一、操作准备

1. 原料

荷叶饼面坯调制主要原料及参考配方见表 1–7。

表 1–7　荷叶饼面坯调制主要原料及参考配方　g

原料	用量
面粉	300
水（60 ℃左右）	190
猪油	5

2. 设备与器具

工作台（面盆）、电子秤、量杯、保鲜膜。

二、操作步骤

准备原料→调制面坯→静置饧面

步骤 1　准备原料

根据制品的要求将原料盛好，放在工作台上开窝。

步骤 2　调制面坯

将温水加入面粉中调制成面坯，稍晾后将猪油揉进去，揉匀备用。

步骤 3　静置饧面

将和好的面坯用保鲜膜包好静置 20 min 即成荷叶饼面坯。

三、操作要点

1. 面坯不宜过硬，否则制品硬挺，不柔软，但也不宜太软，过软会影响成型操作。

2. 面坯中的热气要散尽，否则发黏不易操作，且影响成品质量。

3. 和好的面坯静置饧面的时间要充足，否则不易擀制。

四、质量要求

软硬适中，组织细腻，延伸性良好，符合荷叶饼面坯标准。

培训项目 2 生坯成型

培训单元 1 面坯成型基本方法

培训重点

1. 熟悉擀面杖的种类、使用注意事项。
2. 掌握搓条、下剂、制皮的方法、技术要领与标准。

知识要求

一、擀面杖的种类及使用注意事项

擀面杖是由木料制成的圆而光滑的滚筒或木棒，用来碾压面坯，使之延展变平变薄，或将面点原料碾碎为细末的多种用具的总称。制作擀面杖的木料要求质地坚实、无异味、加工面光滑，以枣木或檀木制作的为好。擀面杖是面点制皮时不可缺少的工具。因面点的花色品种多样，故擀面杖的规格型号繁多。

1. 种类

擀面杖有通心槌、单手杖、双手杖、烧卖槌、大面杖、凹凸形擀面杖、橄榄杖、花纹通心槌几种。

（1）通心槌

通心槌又称走槌，呈圆柱形，两侧面中心有一通孔，通孔中穿入圆木棍作为

手柄。通心槌由于自身重量较大，擀皮时可以省力，是擀大块面团的必备工具，如用于大块油酥面坯的开坯。通心槌有多种规格，大的直径约 8 cm，长约 56 cm；小的直径约 4.5 cm，长约 26 cm。开坯过程中根据面坯的多少、大小选择不同尺寸规格的通心槌，如图 1–25 所示。

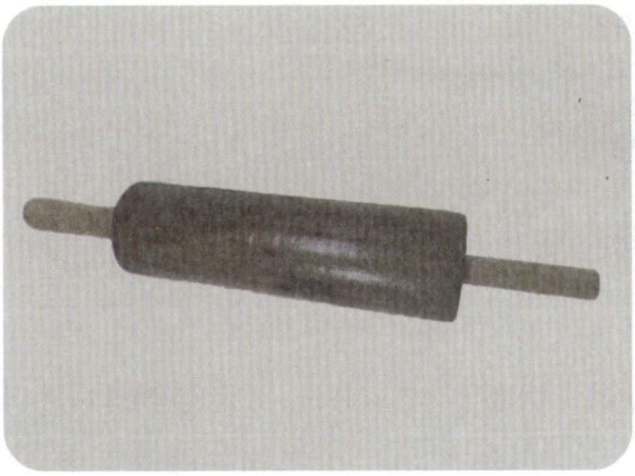
a)

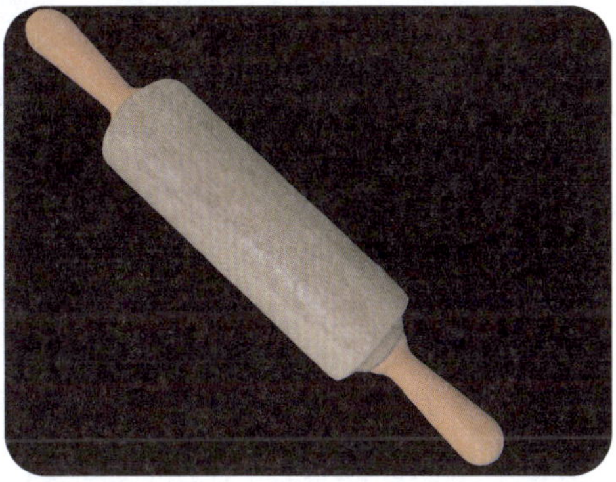
b)

图 1–25 通心槌

a）传统通心槌 b）新式通心槌

（2）单手杖

单手杖又称小面杖，是光滑、笔直、粗细均匀、结实的小圆棒，长约 30 cm，直径约 2 cm，主要用于擀制水饺皮、蒸饺皮、小包酥面坯类剂子等，如图 1–26 所示。

（3）双手杖

双手杖比单手杖细，常用的长约 30 cm，直径约 1 cm，擀皮时可两根合拢，双手并用，主要用于擀蒸包皮等，如图 1–27 所示。

图 1–26 单手杖

图 1–27 双手杖

（4）烧卖槌

烧卖槌因形似鸭蛋又称鸭蛋槌。它与通心槌结构相同，只是体积较小，所以也可称为小通心槌，如图 1–28 所示。烧卖槌擀出的面皮有褶皱美观的荷叶边。

图 1–28　烧卖槌

（5）大面杖

大面杖分为长、短两种，如图 1–29 所示。大的长约 100 cm，直径约 4 cm，用于擀制大块面坯或面条等；短的长约 50 cm，直径约 3 cm，主要用于擀制花卷、各种大饼、面条、馄饨皮等。

图 1–29　大面杖

（6）凹凸形擀面杖

凹凸形擀面杖表面有齿形的凹凸面，擀出的饼面有一轮轮的花纹，如图 1–30 所示。

（7）橄榄杖

橄榄杖又称枣核面杖，中间粗两头细，一般长约 20 cm，中间直径约 3 cm，两端直径约 1 cm，形如橄榄，便于将面皮的边缘擀薄，主要用于擀烧卖皮、饺子皮等，如图 1–31 所示。

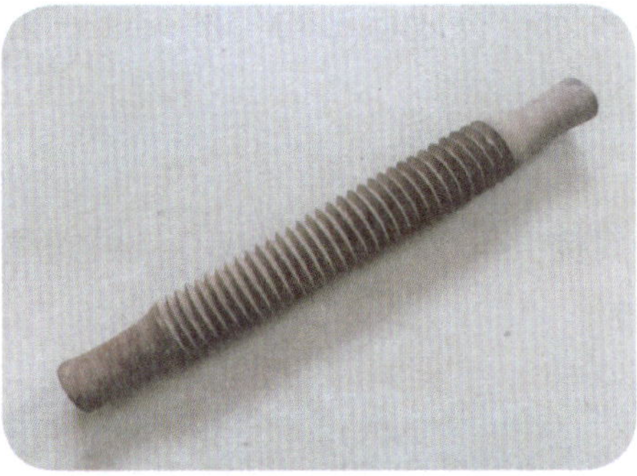

图 1–30 凹凸形擀面杖

图 1–31 橄榄杖

（8）花纹通心槌

花纹通心槌又称逆天通心槌，两侧面中心有一通孔，通孔中穿入圆木棍作为手柄，在通心槌表面刻有各种图案，主要用于制作特色面点品种，如图 1–32 所示。

图 1–32 花纹通心槌

2. 使用注意事项

（1）使用时在固定放置区域拿取。

（2）使用完毕将擀面杖擦净，放在固定放置区域，并保持环境干燥，避免擀面杖变形、表面发霉。

二、面坯成型基本操作技法

1. 搓条

（1）搓条的方法

搓条是下剂前的准备步骤，是将揉好的面坯搓成条状的工艺过程。操作时，将面坯切成长条状，然后用双手掌根将面团推搓成粗细均匀的圆形长条，如图 1–33 所示。

（2）搓条的技术要领和标准

双手掌根着力均匀、平稳；要用掌根推搓，不要用掌心；双手从中间往两边缓慢推搓。搓出的条要圆、光洁、粗细一致。

2. 下剂

下剂又称掐剂子，就是将搓条后的面坯，分割成大小一致剂子的工艺过程。下剂直接关系到制品成型后的规格大小，也是成本核算的依据。

（1）下剂的方法

常用的下剂方法有揪剂、挖剂、拉剂、切剂、剁剂等。

1）揪剂。揪剂又称摘剂，是将搓好的剂条，用左手捏住，露出相当于剂子大小的截面，然后用右手拇指与食指轻轻捏住剂条，经左手食指与右手拇指间的摩擦，用力顺势揪下，如图 1–34 所示。

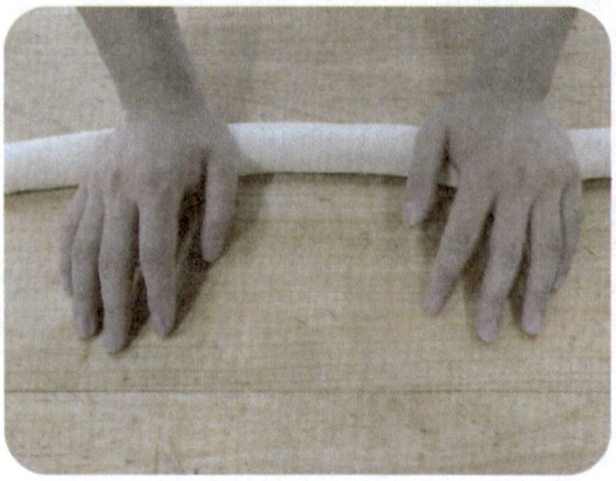

图 1–33　搓条

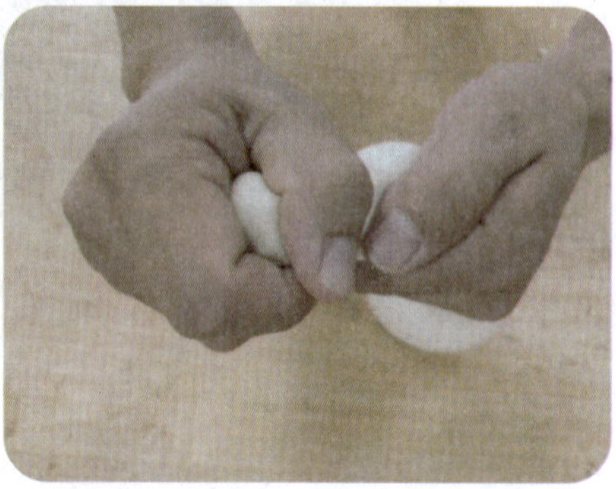

图 1–34　揪剂

揪剂的要领：左手不能用太大力，揪下一个剂子后，左手将剂条转 90°，然后再揪。揪剂的标准是大小一致，截面光洁。

2）挖剂。挖剂又称铲剂，多用于较粗的剂条。方法是搓条后将剂条放在案板上，左手虎口按住剂条，右手四指弯曲成铲形，手心朝上从剂条下面伸入，左手向下，右手四指向上挖下剂子，如图 1–35 所示。

挖剂的要领：右手在挖剂时用力要猛，要使其截面整齐、利落。挖剂的标准是大小一致，截面光洁。

3）拉剂。拉剂多用于较为稀软的面坯。由于面坯较软，不宜将剂条拿在手中下剂，因而采用此法。操作方法是左手按住剂条，右手五指抓住剂子，用力拉下，如图 1–36 所示。

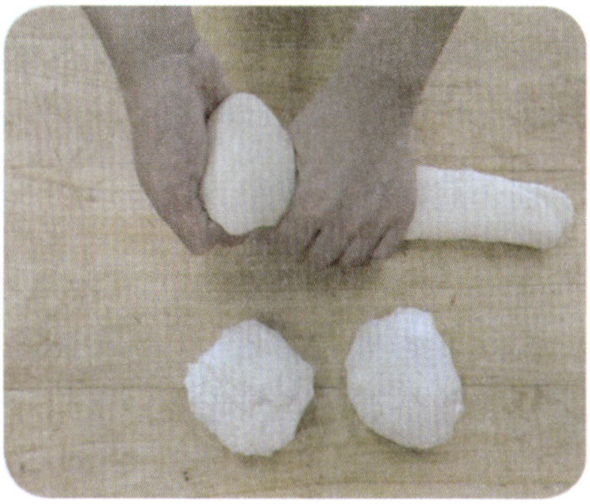

图 1–35　挖剂

图 1–36　拉剂

拉剂的要领：右手要稳准狠，下手要迅速敏捷。拉剂的标准是大小一致。

4）切剂。切剂就是将搓好的剂条用刀切成均匀的剂子。其方法是将剂条放在案板上，用刀切成大小一致的面剂，如切饺子的剂子，如图 1–37 所示。

切剂的要领：下刀准确，刀刃锋利，切剂后剂子截面呈圆形。切剂的标准是大小一致，剂口截面光滑平整。

5）剁剂。剁剂就是将搓好的剂条放在案板上，根据品种要求，用力均匀地将剂子剁下，如制作花卷、馒头、油条等的剂子，如图 1–38 所示。

图 1–37　切剂

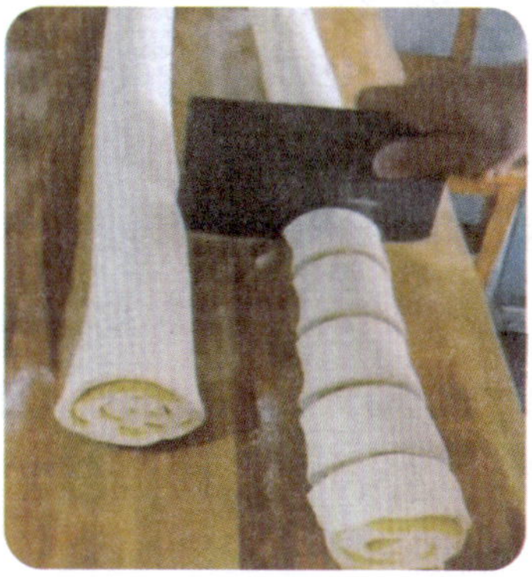

图 1–38　剁剂

剁剂的要领：握刀要稳，下刀要准，落刀要快，刀刃锋利。剁剂的标准是大小一致，剂口截面光滑平整。

（2）下剂的技术要领

1）两手配合默契，用力干脆果断。下剂时，一揪一转，一挖一退，两手动作应协调配合，要求动作敏捷、熟练，用力轻重恰到好处。

2）把握剂子的大小，保持剂子的整齐。剂子的大小决定了成品坯料的重量，是成本核算的依据，所以下剂时一定要根据成品坯料重量的要求把握好剂子的大小，保证所下的每一个剂子分量准确、大小一致。通过手的感觉和眼睛的观察来判断剂子的大小。同时，下剂时要保证所下剂子截面的整齐，为保证坯皮质量和制品的成型打下基础。

3）下好的剂子应分开放置。大部分剂子在下剂后应整齐排列置于案板上，并撒上适量的干粉，防止剂子之间及剂子与案板之间粘连，也便于下一步工序的顺利进行。

（3）下剂的标准

不带毛茬，光洁、整齐、饱满，大小一致，分量准确。

3. 制皮

制皮是将面剂按照包馅工艺要求加工成适合形状面皮的工艺过程。面点工艺中很多品种的制作都需要有制皮工艺。制皮质量的好坏直接影响包、捏工序的进行和制品的最后成型。由于各类品种对皮的要求不同，因此制皮方法也不同，但是无论哪一种制皮方法，都要求皮软硬适度、形状统一、大小一致，薄厚符合制品要求。

（1）制皮的方法

最常用的制皮方法有按皮、捏皮、摊皮、拍皮、敲皮、擀皮六种。

1）按皮。按皮是一种最简单的制皮方法，就是将下好的剂子撒上干面粉，用两手滚成球形，剂口截面向上，再用手掌根向下按压成四周略薄、中间稍厚的圆形皮，如图 1–39 所示。需要直径稍大的面皮时，先用手指将剂子按一下，然后再用手掌沿着剂子周围用力拍，边拍边顺一个方向转动，把剂子按成中间厚、四周薄的圆皮。这种制皮方法适合包子一类的品种，一般糖包、豆沙包、水晶包采用这种制皮法。

按皮的要领：按皮时必须用手掌根按，若用手掌心按，则皮不平也按不圆，不能符合皮子的要求。按皮的标准是皮子圆整，大小一致，薄厚均匀，四周无毛边，符合制品要求。

2）捏皮。捏皮是把剂子用手揉匀搓圆，再用双手捏成碗形，包馅收口，一般称为“捏窝”，如图 1–40 所示。捏皮适合米粉坯皮或杂粮坯皮的制作。

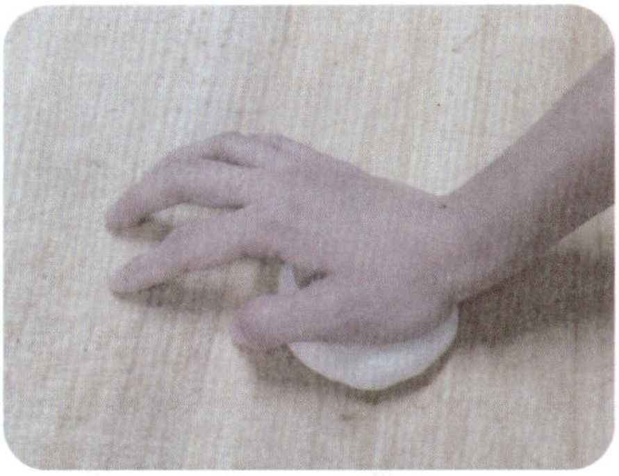

图 1-39 按皮

图 1-40 捏皮

捏皮的要领：要用手指将面坯反复捏，用力适度，双手配合娴熟，以使皮子不裂开而便于包馅。

3）摊皮。摊皮是比较特殊的制皮方法，主要用于制作春卷皮和煎饼。制春卷皮的面坯是筋质强、质地稀软的面坯，拿起会往下流，所以必须用摊皮的方法。摊皮时，把平锅架在火上（火力不能太旺），右手持柔软的面坯不停地抖动，顺势向锅内一按一转一揉，随即提起，锅内就粘上一张圆皮，等锅内的皮受热翘边后揭下即成春卷皮，如图 1-41 所示。

摊皮的要领：要掌握好火候的大小，动作要连贯，所用锅一定要洁净，并且适当抹油。摊皮的标准是皮子形圆，薄厚均匀，无砂眼，大小一致。

4）拍皮。拍皮是一种特殊的制皮方法，是将下好的剂子用手轻按，然后右手拿拍皮刀平压在剂子上，左手按住刀面，适当用力向前旋压一下，成为圆形皮，如图 1-42 所示。

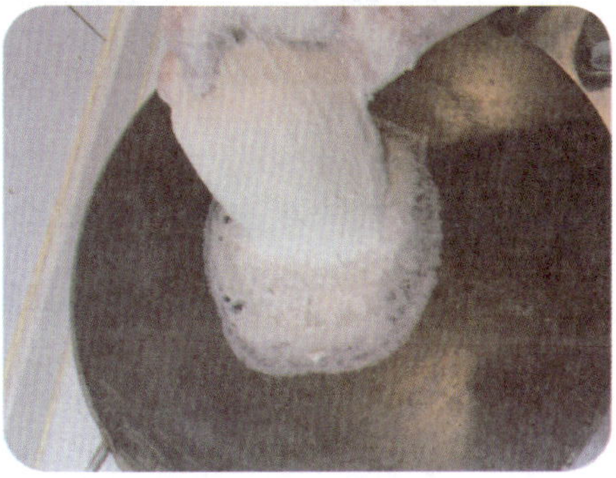

图 1-41 摊皮

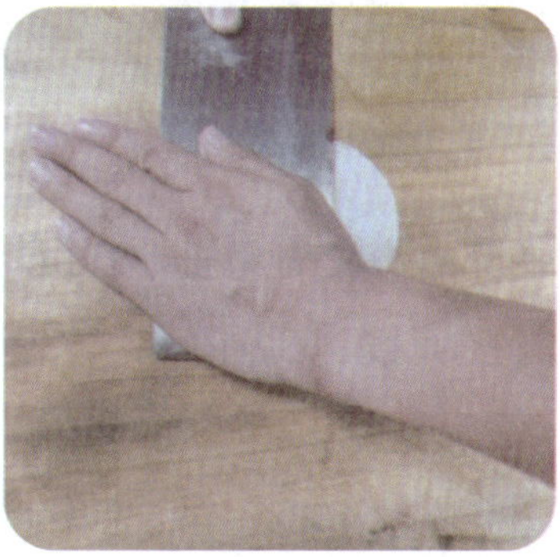

图 1-42 拍皮

拍皮的要领：右手持刀压皮时用力要均匀，否则皮子不圆。此法在广东制作澄粉坯皮时采用较多。

5）敲皮。敲皮是一种比较特殊的制皮方法，是用擀面杖在原料上轻轻敲击，使剂子慢慢展开成坯皮，如图 1–43 所示。

敲皮的要领：用力均匀，轻重得当，使皮子平整、厚薄均匀。鱼皮馄饨等的制皮方法就属此法。

6）擀皮。擀皮是最主要、最普遍的制皮方法，技术性也比较强。具有代表性的擀皮法有以下三种。

①饺子（包括蒸饺、汤包等）皮擀法。一般用小擀面杖，分为单杖和双杖擀法两种，多数是用单杖。

a. 单杖擀法。单杖擀法分为单手擀和平展擀。

单手擀：擀皮时先把面剂按成扁圆形，左手的拇指在上，食指、中指在下，捏住左边皮边，放在案板上，右手持擀面杖，压住右边皮的 1/3 处，右手推轧擀面杖，不断转动。左手持皮也随着右手的不断推轧而向左移动，转动时用力要均匀，才能擀成中间稍厚、四周薄而边上翘、形圆如碟的皮子（有的地方称为小碗形圆皮），如图 1–44 所示。

图 1–43 敲皮

图 1–44 单手擀

平展擀：擀皮时将面剂按成扁圆形，双手分别压在擀面杖的两端，在面坯上进行平面擀制，使面剂逐渐展开，成为符合制作要求的坯皮，如图 1–45 所示。

b. 双杖擀法。双杖擀法是用两根擀面杖擀皮的方法。操作时先把剂子按扁，用双手按住擀面杖，压住剂子先向右前方向，然后向左向后旋转。擀时两手用力要均匀，两根擀面杖要平行靠拢，勿使它们分开，并要注意擀面杖的着力点，如图 1–46 所示。

图 1–45　平展擀

图 1–46　双杖擀法

②烧卖皮擀法。烧卖皮要求擀成中间略厚，形圆，边有褶皱，行业中称为“荷叶边”“金钱底”的皮子。擀制烧卖皮有两种擀面杖：一种是烧卖槌，另一种是橄榄杖。

a. 烧卖槌擀法。先将剂子按扁按圆，擀成水饺皮子大小，15 ~ 20 个皮子摞成一摞，平放在案板上，撒上干面粉，然后压上烧卖槌，双手拿住烧卖槌的两端，右手向下用力压住皮子边缘，向前一推，向后一拉，边擀边转，如图 1–47 所示。擀时掌握轧皮子的着力点，两手用力要均衡。重复前一动作来回转动，就能轧出中间略厚、四周呈褶皱状的烧卖皮。

b. 橄榄杖擀法。擀时将剂子按扁，放在案板上，然后左手按住擀面杖的左端，右手按住擀面杖的右端，双手配合擀制，如图 1–48 所示。擀时擀面杖的着力点应放在边上，右手用力推动，边擀边转，使皮子随之转动，形成波浪纹的荷叶边形。擀时用力要均匀，同时要擀得圆、擀得均匀，但不能将皮子边擀破。

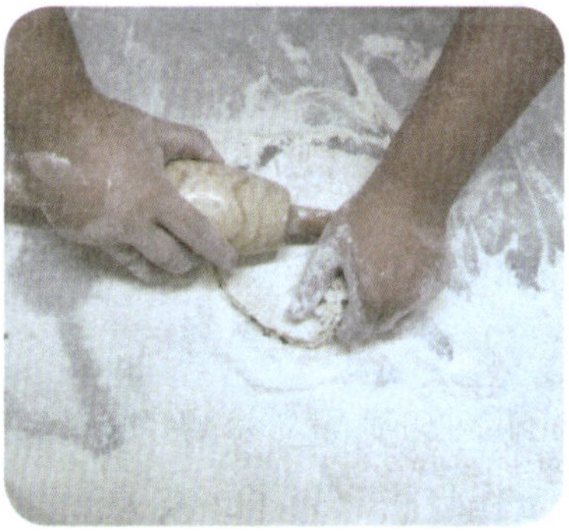

图 1–47　烧卖槌擀法

图 1–48　橄榄杖擀法

③馄饨皮擀法（大擀面杖擀法）。这种擀法与上述两种擀法不同，不是分割成

小剂子，而是将大块面坯用大擀面杖擀。手法是先把面坯揉匀、揉圆，双手拿擀面杖压在面坯上，向前一推向后一拉，使面坯向四周均匀擀开成面皮，然后把面皮包卷在擀面杖上，双手掌根压面，向前推滚，每推滚一次，面坯就变大变薄一次，然后打开，撒上干面粉，防止粘连，再包卷起来，继续向前推滚，如图 1–49 所示。推滚时双手用力要均匀，并向两端伸展一次，以保持每个部位厚度一致。同时，每次打开包卷时，都要转一下面坯的位置，这样才能擀匀。这样推滚、打开、撒粉、卷起，继续推滚，直至面坯被擀成又薄又匀的大片为止，然后叠成数层，用刀切成梯形或三角形、方形的小块，即成馄饨皮。叠成数层后，切成均匀的细条，就是刀切面（手擀面）。其他如大饼的制作等也是这样擀成大片（但比较厚），均匀抹上油、盐、麻酱等，卷起成条，盘起来再擀成圆形，即成生坯。

图 1–49　馄饨皮擀法

制馄饨皮的要领：双手配合协调一致，用力大小均匀，动作娴熟，一气呵成。

（2）制皮的技术要领

1）用力均衡，轻重得当。不论是用工具还是直接用手制皮，都应控制力度。如擀皮时，每次滚压用力大小应一致，按皮时每次按拍用力应相同，保证坯皮厚薄均匀。

2）坯皮的大小、厚薄应按成品要求确定。不同的制品对坯皮的要求也不同，在制皮时要对不同制品分别进行处理。如制作水饺坯皮和包子坯皮一般都要求中间稍厚，四周较薄，但水饺坯皮比包子坯皮要薄些。蒸饺坯皮尽管较薄，但与水饺坯皮又有区别，要求中间和四周厚薄一样。此外，烧卖坯皮尽管和蒸饺坯皮一样呈圆形，但要求皮子边有褶皱。

3）制皮后应及时成型。坯皮制好后，不宜放置时间过长，否则坯皮容易干裂、变形而影响成型。

（3）制皮的标准

坯皮整齐，厚薄适宜，大小均匀，规格一致，符合制品要求。

技能操作

技能 1 面坯成型基本操作技法——搓条

一、操作准备

1. 原料

冷水面坯。

2. 设备与器具

工作台、刀。

二、操作步骤

将饧好的面坯放在工作台上，切成长条状，然后用双手掌根将面团推搓成圆形长条，再用双手掌心从中间向两边匀速上下推搓，搓成均匀、光滑、粗细一致的长条。

三、操作要点

双手用力均匀、平稳，推搓缓慢、绵长。

四、质量要求

成品光滑、质地均匀、无气泡、粗细一致。

技能 2 面坯成型基本操作技法——下剂

一、操作准备

1. 原料

已搓条的冷水面坯。

2. 设备与器具

工作台。

二、操作步骤

将搓制好的长条面坯用左手捏住，露出相当于饺子剂子大小的截面，然后用右手拇指与食指轻轻捏住剂条，经左手食指与右手拇指间的摩擦，用力顺势揪下。

三、操作要点

双手配合默契，动作娴熟，做到准、狠、稳、快。

四、质量要求

大小一致，截面光洁。

技能 3　面坯成型基本操作技法——制皮

一、操作准备

1. 原料

已下剂的冷水面坯。

2. 设备与器具

工作台、擀面杖。

二、操作步骤

先把面剂按成扁圆形，左手拇指在上，食指、中指在下，捏住左边皮边，放在工作台上，右手持擀面杖，压住右边皮的 1/3 处，右手推轧擀面杖，不断向前转动。左手持皮也随着右手的不断推轧而向左移动，转动时用力均匀，擀成中间稍厚、四周薄而边上翘、形圆如碟的皮子。

三、操作要点

双手配合默契，用力均衡，轻重得当。

四、质量要求

大小一致，薄厚均匀，无毛边。

培训单元 2　制作面点皮坯

培训重点

1. 掌握饺子皮的制作方法。
2. 掌握馄饨皮的制作方法。
3. 掌握烧卖皮的制作方法。
4. 掌握手擀面条的制作方法。

技能操作

技能 1　制作饺子皮

饺子是一种历史悠久的民间食品，在年节时吃饺子是中国人特有的习俗。饺子皮薄馅大，意为大吉大利。制作饺子时擀制合格的饺子皮尤为重要。饺子皮如图 1–50 所示。

图 1–50　饺子皮

一、操作准备

1. 原料

饺子皮制作主要原料及参考配方见表 1–8。

表 1–8　饺子皮制作主要原料及参考配方　g

原料	用量
面粉	500
冷水	250
盐	5

2. 设备与器具

工作台（面盆）、电子秤、量杯、保鲜膜、擀面杖。

二、操作步骤

准备原料→调制面坯→静置饧面→搓条下剂→擀皮成型

步骤 1　准备原料

用电子秤称好面粉、盐，混合均匀后倒在工作台上，量杯称好液体原料备用。

步骤 2　调制面坯

将面粉中间开窝，倒入水和成面坯。

步骤 3　静置饧面

将和好的饺子皮面坯用保鲜膜包好，静置 30 min。

步骤 4　搓条下剂

将饧好的饺子皮面坯搓成长条，用揪剂的方法揪成 60 个剂子，撒少量干面粉。

步骤 5　擀皮成型

取一个面剂，剂口朝上用掌根按扁，左手拿住面剂顶部，右手用擀面杖由面剂外圈向中心点推进，推到面剂的中心点时退回，随着每一下的擀动，同时左手逆时针转动面剂，直至擀成四周薄中间厚、直径约为 7 cm 的圆皮。

饺子皮制作过程如图 1–51 所示。

三、操作要点

1. 调制面坯时，加水量要根据季节和面粉的吃水量而定，要分次加入，以免夹生和窝水，面坯和好后要用保鲜膜（湿布）包好饧面，以防结皮。

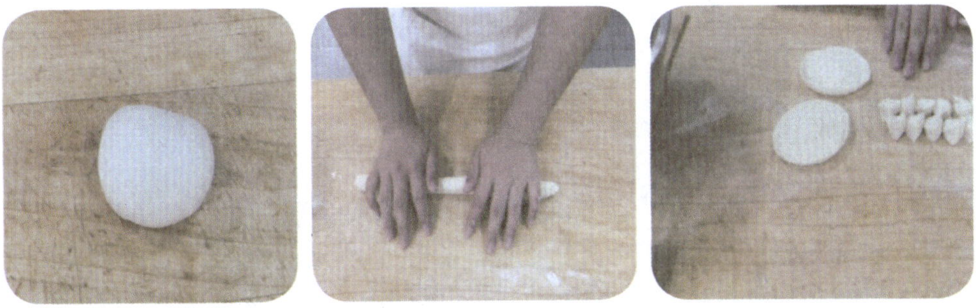

a) b) c)

图 1-51 饺子皮制作过程

a）静置饧面 b）搓条下剂 c）擀皮成型

2. 擀面杖擀制时，双手推进的力量要由大到小，密切配合。

3. 擀制时每一次转动面剂的角度为 75°~90°。

四、质量要求

中间稍厚，四周略薄，大小均匀，无毛边，韧性、弹性良好，形状为圆形。

技能 2 制作馄饨皮

馄饨是起源于中国北方的一道民间传统面食，用薄面皮包肉馅，下锅煮熟，食用时一般带汤。馄饨发展至今，成为名称繁多、制作各异、鲜香味美、遍布全国各地、深受人们喜爱的著名小吃，江浙一带称馄饨，而广东则称云吞，湖北称包面，江西称清汤，四川称抄手，新疆称曲曲等。馄饨皮如图 1-52 所示。

图 1-52 馄饨皮

一、操作准备

1. 原料

馄饨皮制作主要原料及参考配方见表 1–9。

表 1–9 馄饨皮制作主要原料及参考配方 g

原料	用量
面粉	500
冷水	100
盐	4
鸡蛋清	130
生粉	50

2. 设备与器具

工作台（面盆）、电子秤、量杯、保鲜膜、擀面杖、小碗。

二、操作步骤

准备原料→调制面坯→擀皮→成型

步骤 1 准备原料

把面粉、盐称好并在面盆中混合均匀，鸡蛋清称好打散放在小碗中，生粉称好放在小碗内，量杯称好水备用。

步骤 2 调制面坯

将面粉开窝，在窝中倒入冷水、鸡蛋清，和成面坯，将和好的面坯包上保鲜膜静置饧发 30 min。

步骤 3 擀皮

给面坯撒上少许生粉，双手持杖将面坯逐渐从中间向四周推擀，然后将圆形面坯卷在擀面杖上，双手同时用力推动擀面杖朝前滚压。每擀压一次就拍一次生粉，同时调整位置，卷上再擀，使面皮逐步增大变薄，直至擀压成薄如纸的面皮。

步骤 4 成型

把擀好的面片一层层整齐叠起，用刀切成所需尺寸的面皮。

馄饨皮制作过程如图 1–53 所示。

图 1–53　馄饨皮制作过程

a）开窝倒入冷水　b）和成面坯　c）擀皮　d）成型

三、操作要点

1. 面要揉透，用保鲜膜包好，以防结皮。

2. 双手配合，协调一致，用力大小均匀。

3. 生粉用量不宜过多，否则影响成品质量。

四、质量要求

柔软有劲，薄厚均匀，皮薄如纸，煮熟后有透明感。

技能 3　制作烧卖皮

烧卖又称烧麦、稍麦、稍梅等。最早见于元代，称“稍麦”，明代有的地方称之为“纱帽”，清代称之为“鬼蓬头”，都是从其形状定名的。烧卖迄今已有七百多年的历史，品种甚多。内蒙古的羊肉烧卖更以其鲜嫩的羊肉、精细的粉料和独特的制作工艺独具特色。烧卖皮如图 1–54 所示。

图 1–54　烧卖皮

一、操作准备

1. 原料

烧卖皮制作主要原料及参考配方见表 1–10。

表 1–10　烧卖皮制作主要原料及参考配方　　g

原料	用量
面粉	500
冷水	220
生粉	50

2. 设备与器具

工作台（面盆）、电子秤、量杯、保鲜膜、烧卖槌（橄榄杖）。

二、操作步骤

准备原料→调制面坯→搓条下剂→擀制成型

步骤 1　准备原料

把面粉称好倒在面盆中，生粉、水分别称好备用。

步骤 2　调制面坯

将面粉与水和成面坯，用保鲜膜包好静置饧发 15 min；再反复揉搓面坯，使其表面光滑、有光泽，用保鲜膜包好静置饧发 15 min；再次反复揉搓面坯，使面坯较柔软，并有一定的延伸性，用保鲜膜包好静置饧发 20 min 成柔软光滑、有弹性、韧性、延伸性的面坯。

步骤 3　搓条下剂

将饧好的面坯搓成长条，用揪剂的方法揪成 80 个剂子。

步骤 4　擀制成型

把剂子按扁、按圆，撒生粉，两手按住烧卖槌两端，用烧卖槌的弧度加上腕部的旋转，将面剂逐个擀成小皮，然后 15 ~ 20 个摞为一沓，用烧卖槌的下半部加上推拧的动作，转圈将这一沓小皮靠边 3 cm 的部分推擀出均匀的皱褶，抖落多余的生粉，码放整齐备用。

烧卖皮的制作过程如图 1–55 所示。

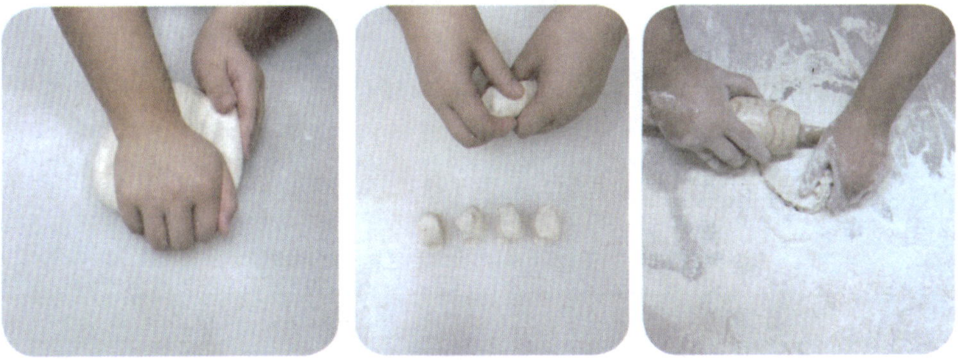

a)　　b)　　c)

图 1–55　烧卖皮的制作过程

a）调制面坯　b）搓条下剂　c）擀制成型

三、操作要点

1. 掌握正确的站立姿势与握槌手法，两手用力要均衡，着力点在皮子的边缘，向同一方向转动。

2. 掌握擀皮基本动作和节奏，会用适当的力度和旋转幅度调整皮子的形态。

四、质量要求

擀出的皮要大小一致，褶皱多而均匀，面皮中间微微厚，好似铜钱当中卧，不烂边、不塌底，即所谓的“荷叶边”“金钱底”烧卖皮。

技能 4　制作手擀面

手擀面，如图 1–56 所示，是面条的一种，因用手工擀制，故称为“手擀面”。手擀面是大众的重要主食之一，深受人们的喜爱。

图 1–56　手擀面

一、操作准备

1. 原料

手擀面制作主要原料及参考配方见表 1–11。

表 1–11　手擀面制作主要原料及参考配方　g

原料	用量
面粉	500
冷水	230
生粉	20
玉米粉	10

2. 设备与器具

工作台（面盆）、电子秤、量杯、保鲜膜、长擀面杖。

二、操作步骤

准备原料→调制面坯→擀皮叠制→切制成型

步骤 1　准备原料

把面粉称好倒在面盆中，量杯量好水，生粉称好备用。

步骤 2　调制面坯

将面粉加水揉成面坯，用保鲜膜包好静置饧发 15 min，再将面坯用力揉光滑后包好静置饧发 10 min，再次揉均匀后包好静置饧发 20 min。

步骤 3　擀皮叠制

将饧好的面坯放在工作台上撒上生粉，用长擀面杖擀成厚约 2 mm 的面片，将面片折叠成底部宽、上面逐渐变窄的塔形长条。

步骤 4　切制成型

用锋利的切刀将面皮从一端切成宽度一致的面条，全部切完后用手抖开，防止粘连，并撒上玉米粉备用。

手擀面的制作过程如图 1–57 所示。

a)　　b)　　c)

图 1–57　手擀面的制作过程

a）调制面坯　b）擀皮叠制　c）切制成型

三、操作要点

1. 面团要和得硬些，要揉透。
2. 擀制时要尽量少用玉米粉，否则影响产品质量。
3. 擀制时双手要从中间向两边推擀，用力均匀。

四、质量要求

粗细均匀，薄厚一致，色泽洁白，无多余生粉。

培训项目 3

产品成熟

培训单元 1　煮制无馅类水调面制品

培训重点

1. 熟悉煮制设备与器具的使用方法。
2. 掌握煮制的流程及特点。
3. 掌握煮制的技术要领。

知识要求

一、煮制设备与器具

1. 常用炉灶

常用炉灶是利用燃煤、燃气、柴油等燃料燃烧产生的热量，将锅内水或油加热，利用水蒸气或油的对流传热作用将制品加热成熟的设备，如图 1–58 所示。现多数酒店使用油气两用灶，既可用液体燃料，又可用气体燃料，如管道煤气、液化石油气及天然气等，还可油气混合使用。

2. 电磁炉灶

电磁炉灶是新一代智能炉具，如图 1–59 所示。电磁使锅体直接发热，热量大，火力猛，速度快。电磁炉灶无明火燃烧、无鼓风装置，可减少热量散发，提高能源使用效率，降低厨房环境温度并降低噪声，且操作简便、温控精确。

图 1–58　常用炉灶

图 1–59　电磁炉灶

3. 锅

锅是一种炊事用具，可用于对食物进行烹、煮、煎、炸、炒等多种熟制操作。锅的使用历史悠久，是中式烹饪中必不可少的一种用具。

（1）水锅

水锅分为双耳炒锅和炒勺，锅体较大，用于煮水饺、面条、馄饨等，如图 1–60 所示。

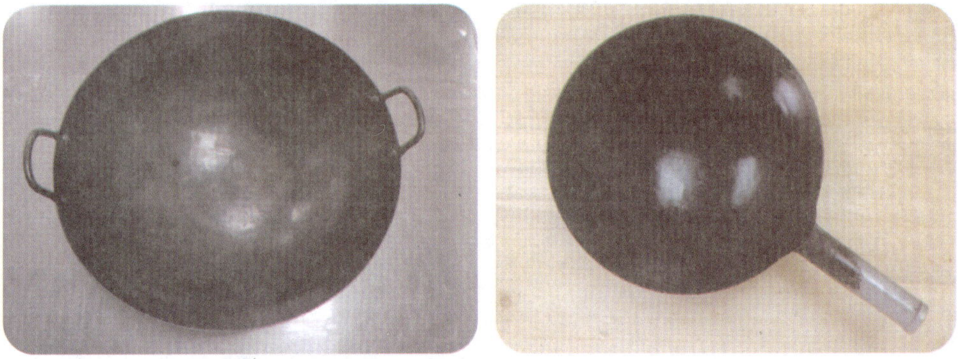

a)　　　　b)

图 1–60　水锅

a）双耳炒锅　b）炒勺

（2）汤锅

汤锅锅体较深，用于煮汤，如图 1–61 所示。

（3）平底锅

平底锅多为不粘锅，用于煎制食品，如锅贴、煎饺等，如图 1–62 所示。

图 1–61　汤锅

图 1–62　平底锅

4. 炉灶工具

（1）水勺

水勺多以铁或不锈钢制成，用于捞取、加料等，如图 1–63 所示。

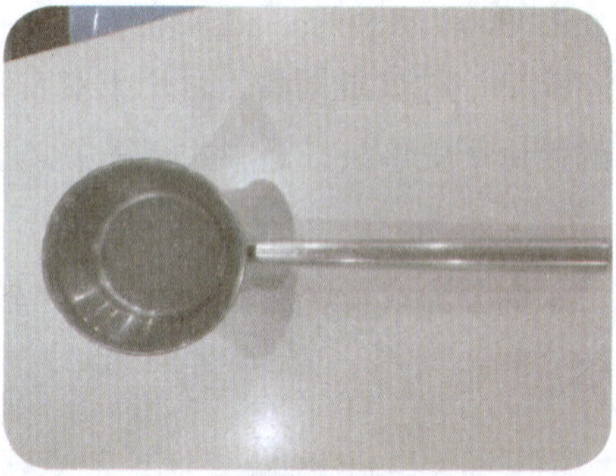

图 1–63　水勺

（2）漏勺

漏勺由铁丝或不锈钢制成，主要用于捞水饺、面条、油炸制品等，如图 1–64 所示。

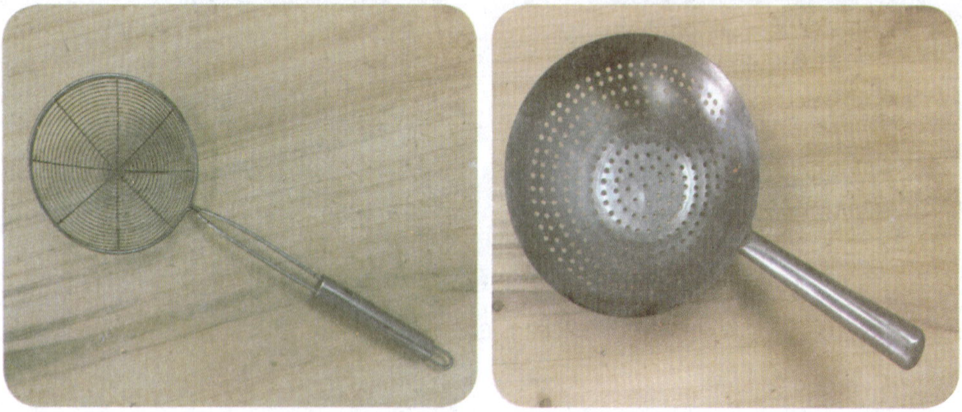

a)　　b)

图 1–64　漏勺

a）铁丝漏勺　b）不锈钢漏勺

（3）不锈钢煮面斗

不锈钢煮面斗是非常方便的一种炉灶工具，可直接将面放在煮面斗里，煮好拿起来倒进碗里即可。用不锈钢煮面斗可煮面条、馄饨、麻辣烫等，如图 1–65 所示。

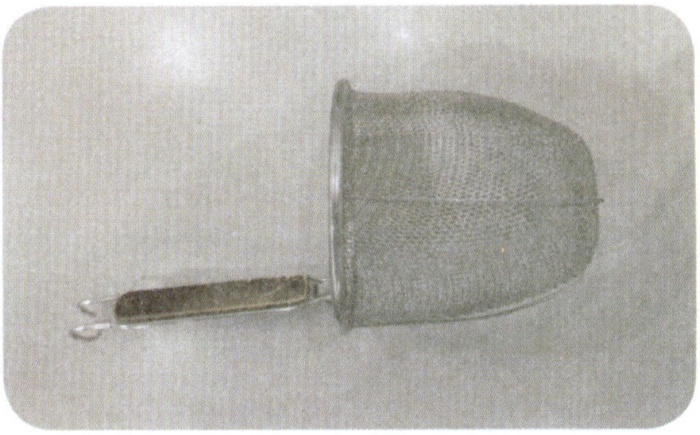

图 1–65 不锈钢煮面斗

（4）捞面筷

捞面筷有铁质、木质和竹质三种，主要用于捞面条或翻动、钳取油炸制品，如图 1–66 所示。

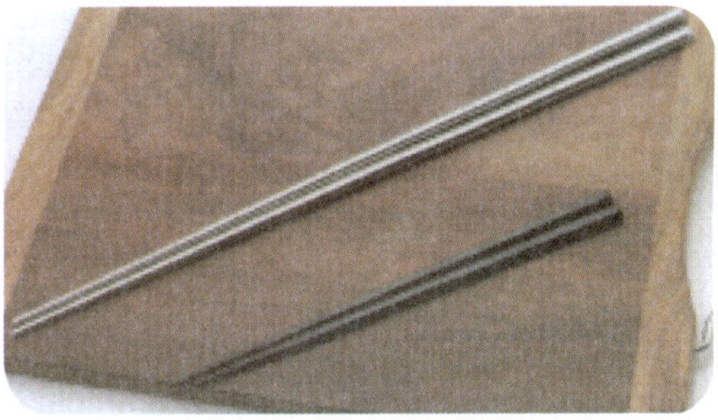

图 1–66 捞面筷

（5）手勺

手勺为不锈钢制品，主要用于煮制时加水和推动锅内食物及从锅中盛装液态食材，如图 1–67 所示。

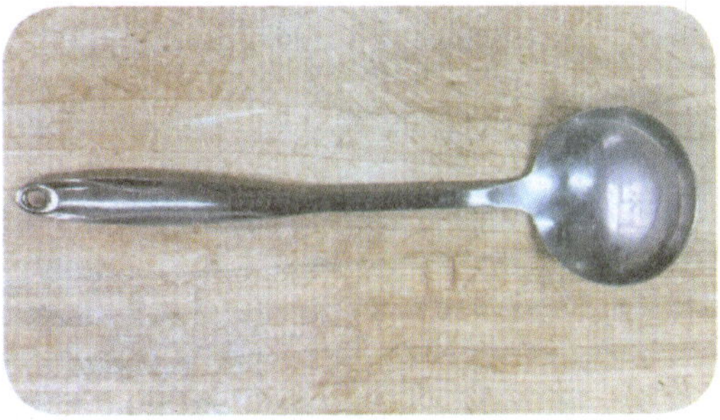

图 1–67 手勺

（6）锅铲

锅铲分为不锈钢铲、硅胶铲、木铲和塑料铲，主要用于炒制馅料及炒面、炒饼和盛装米饭等，如图 1–68 所示。

a) b) c) d)

图 1–68 锅铲

a）不锈钢铲 b）硅胶铲 c）木铲 d）塑料铲

二、煮制工艺

1. 煮制的概念与适用范围

煮制是指把成型的面点生坯或者半成品投入到装有一定量水或汤的水锅中，利用沸水的热对流作用将热量传给生坯，使生坯成熟的一种熟制方法。一般适用于冷水面坯制品、生米粉团面坯所制成的半成品及各种羹类甜食品，如面条、水饺、汤圆、元宵、粽子、粥、饭、莲子羹等。

2. 煮制的特点

（1）熟制较慢，加热时间较长

煮制是靠水传热使制品成熟，正常气压下煮制最高温度为 100 ℃。在煮制时大部分时间达不到这个温度，所以煮是各种熟制法中温度最低的一种方法。加之水的导热能力不强，仅仅是靠对流的作用，因而制品受到高温影响较小，成熟较慢，加热时间较长。

（2）制品较黏实滑爽，熟后重量增加

制品在水中受热，直接与大量水接触，淀粉颗粒在受热的同时，能充分吸水膨胀，因此，煮制的制品大都较结实、筋道，熟后重量增加。

（3）馅心鲜嫩

由于包馅制品是在较大的湿度下成熟的，因此在熟制过程中，制品的皮坯可吸收一部分传热介质中的水分，吸水量基本接近饱和，这样皮坯吸收馅心中水分的机会就减少了，从而使馅心基本保持原有的水分，具有鲜嫩的特点。

3. 煮制的方法

（1）煮制工艺流程

生坯下锅→煮制→成熟。

（2）煮制操作步骤

1）锅中根据要煮制的面点品种及数量加水烧开。

2）把成型的半成品逐个放入开水锅中，边下边搅，根据品种要求在开锅后加冷水继续煮制，如此反复 2 ~ 3 次，待半成品漂浮出水面成熟即可。

4. 煮制的技术要领

（1）根据品种不同准确掌握用水量

适用于煮制法的面点品种通常分为两类。一类是成型的半成品，如汤圆、水饺、馄饨等，煮时加水量要充足，水量是制品生坯的几倍或十几倍，这样使制品在水锅中有充分的活动余地，并使其受热均匀，不粘连、不浑汤，成品清爽利落。第二类是粥、饭，水量要准确，不能多也不能少，以保证成品的质量标准。

（2）根据品种不同确定生坯入锅的水温

煮制面点生坯半成品、米粥等多数品种，都需要沸水下锅，尤其是面点生坯半成品必须沸水下锅，才能避免粘连、浑汤等严重影响质量的情况出现。做米饭则要求冷水下锅，加热烧开，使米粒先在冷水中涨发一段时间，吸水饱满，成品更香糯可口。

（3）生坯或半成品下锅时要随下随搅

面点生坯及各种原料刚入锅后温度下降很快，其成分中的淀粉在低温下不能充分糊化，蛋白质也不能充分变性，此时黏性很大，容易粘锅和相互粘连，不经处理很容易破裂，因而需要边下锅边慢慢向一个方向用勺背搅动，使锅中水转动起来，以避免粘锅和相互粘连的情况发生，保证成品的形态不受破坏。

（4）不同制品使用不同的火力

一般成型的面点生坯或半成品需要火旺、水沸，水面要保持在翻滚状态，但不能大翻大滚，否则皮子容易破裂。在煮制此类面点制品，尤其是带馅制品时，要加盖煮制，因为加盖后气压上升，热量更容易渗透进入制品生坯内部。如果在煮制过程中火力不易控制（比如在很多地方还在使用煤加热、柴加热等）而造成水大翻大滚，那么可以采取点水的方法来控制其沸腾状态，即在沸腾的水中倒入适量冷水使其停止沸腾一段时间，以免冲破皮坯外表皮，同时稍微延长加热时间，使馅心能慢慢成熟。点水次数应根据不同的品种而定，通常一锅点三次水即可。

（5）根据品种掌握好煮制时间

煮制时必须掌握好时间，既不能使制品不熟，又不能煮过火。不同的制品加热的时间不同。如煮馄饨时因皮薄馅少，煮沸开锅即熟；煮粽子的时间则比较长，因其皮厚实，原料为糯米，成熟更慢，通常需要 2 ~ 3 h，还需要一定的焖制时间。

（6）根据煮制次数及时补充或更换汤水

在连续煮制时，要不断地补充或更换锅中的汤水。

技能操作

技能 1　煮制无馅类水调面制品——一根面

一根面也称长寿面，是一种传统大众面食，其特色在于“一碗只有一根面，一锅也是一根面”，如图 1–69 所示。一根面的精髓在于吃的是面条本身的味道，而不是调料的味道。

图 1–69　一根面

一、操作准备

1. 原料

一根面煮制主要原料及参考配方见表 1–12。

表 1–12 一根面煮制主要原料及参考配方 g

原料	用量
面粉	500
冷水	260
盐	10
色拉油	1 000

2. 设备与器具

工作台、炉灶、水锅、电子秤、量杯、面盆、碗、手勺、漏勺、压面机、保鲜膜。

二、操作步骤

准备原料→调制面坯→压面卷条→搓条盘条→成型成熟

步骤 1 准备原料

把面粉和盐称好倒在面盆中，量杯量好水，色拉油称好备用。

步骤 2 调制面坯

面粉中加入水和成面坯。

步骤 3 压面卷条

将和好的面坯放在压面机上反复碾压，压至面坯滋润、表面光滑后，将面坯放在工作台上，将面坯顺长度方向卷紧成条，在卷好的面条上刷少量色拉油，以防面条之间相互粘连，盖上保鲜膜静置 10 min。再次将面条搓细，盖上保鲜膜静置 10 min。

步骤 4 搓条盘条

在面盆中倒入色拉油（油深 1 cm），继续将面搓成直径 1 cm 粗细的长条，由中心向外松松地盘入盆内。每盘一层要加入色拉油盖过面条，防止面条之间粘连和层与层之间粘连，每盘一层要将面条引入盆的中心，由内向外继续盘条直至盘完。最后在面的表面盖上保鲜膜，静置 2 h 待用。

步骤 5 成型成熟

水锅注入七成水烧开。将面盆内的色拉油倒出，面盆放在距炉灶 1 m 以外的工作台上，将面头用手拉细放入开水锅内，左手在后握空心拳将面条放在拳心中间，右手在前，借用面条自身的弹性、韧性、延伸性将面抛入 1 m 以外的锅中，大火煮制，适时点水，面条煮熟后用漏勺盛入碗内，浇上面卤即成。

一根面的制作过程如图 1–70 所示。

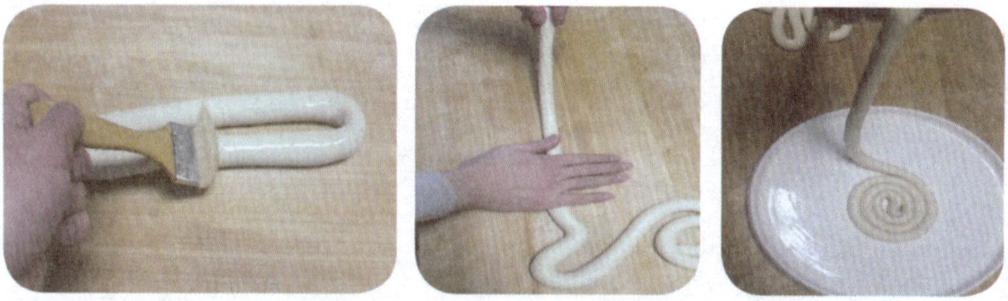

a)　　b)　　c)

图 1–70　一根面的制作过程

a）刷少量色拉油　b）再次搓细　c）搓条盘条

三、操作要点

1. 水和面的比例要准确，饧面要到位，做出的面才会柔韧有劲、连而不断。

2. 和面时要加少量的盐，可以使面团更筋道，抻拉时面条不易断。

3. 揉面时要始终朝一个方向揉制，切不可乱揉，否则，面团的筋性会被揉断，抻拉面条时易断裂。

4. 搓条时两手掌心要抹少量色拉油，才能更好地把面团搓成粗细均匀、表面光滑的面条。若面条搓不好，抻拉时也易断。

5. 抻拉面条时，拇指和食指相互配合，右手轻轻抽出，动作娴熟。整个过程要求手臂力度均匀，左右手配合，左手拇指、食指和中指不停地随盆中的面条转动，保证面条的圆度，右手抛面并控制面的粗细、惯性，保证不抛到锅外，面在空中如抛物线上下波动。

四、质量要求

面条滑爽、柔韧，越嚼越有嚼头。

技能 2　煮制无馅类水调面制品——猫耳朵

猫耳朵是我国北方，尤其是华北地区常见的一种面食，因其成型后微微卷曲，形似猫的耳朵而得名。过去的猫耳朵是单一色，即荞面、莜面、白面的自然本色，经改进后的猫耳朵可有多种颜色。由多色原料制成的猫耳朵同一锅煮，不仅色泽别致诱人，而且营养丰富、口感好，是备受青睐的特色面食，如图 1–71 所示。

图 1–71　猫耳朵

一、操作准备

1. 原料

猫耳朵煮制主要原料及参考配方见表 1–13。

表 1–13　猫耳朵煮制主要原料及参考配方　　g

原料	用量
面粉	500
冷水	250
生粉	20

2. 设备与器具

工作台、炉灶、水锅、电子秤、量杯、面盆、手勺、保鲜膜、漏勺。

二、操作步骤

准备原料→调制面坯→擀制→切制→搓制成型→成熟

步骤 1　准备原料

将面粉称好倒在面盆内，生粉称好，量杯量好水备用。

步骤 2　调制面坯

面粉加入冷水和成面坯，用保鲜膜包好静置 20 min。

步骤 3　擀制

在饧发好的面坯上撒少许生粉，擀成厚 0.8 cm 的正方形面坯。

步骤 4　切制

将面坯切成 0.8 cm 宽的条，撒上生粉后将条合拢，再切成 0.8 cm 见方的小块。

步骤 5　搓制成型

全部切完后撒少许生粉，然后将小面块的刀切面朝上立起，用拇指按着小面块朝前一推，使其形成比较薄的自然卷曲的小面卷，即成猫耳朵生坯。

步骤 6　成熟

将猫耳朵生坯下入开水锅内，煮至漂起后再煮 2 min，捞出即可。

猫耳朵的制作过程如图 1–72 所示。

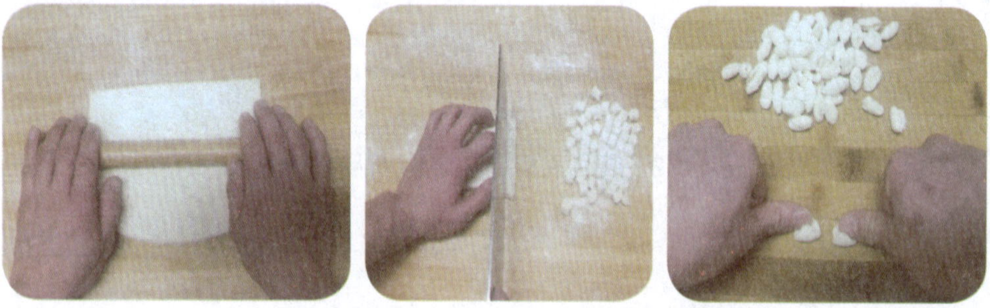

a)　　b)　　c)

图 1–72　猫耳朵的制作过程

a）擀制　b）切制　c）搓制成型

三、操作要点

1. 面团要略硬些，尤其是用番茄酱或蔬菜泥调制的面团手感不好，操作时应注意勤撒生粉（撒生粉每次量要少，但在下锅前一定要尽可能少带生粉，以免使汤黏稠）。

2. 面块不可切得过大，而且要切匀，搓出的猫耳朵要圆润，不带毛茬。

3. 成熟时要注意既不能夹生，也不能煮过火。

四、质量要求

色泽白净，形状小巧玲珑，质地柔韧耐嚼。

培训单元 2　炸制无馅类水调面制品

培训重点

1. 熟悉炸制设备与器具的使用方法及注意事项。
2. 掌握炸制的适用范围与特点。
3. 掌握炸制的方法。
4. 掌握炸制的技术要领。

知识要求

一、炸制设备与器具

1. 电炸炉

电炸炉是最常见的油炸设备，目前在餐饮业广泛使用，分为大、中、小三个类型。小型电炸炉多为家用或在餐饮业小批量制作时使用，中型电炸炉在面点专业作坊或有一定销量的酒店和面点生产企业使用，大型电炸炉常用于连续大量生产的厂家。电炸炉与其他油炸设备相比，具有操作方便、卫生清洁、可自动控制、温度稳定、参数（温度、时间、功率）可调、热效率高等优点，如图 1–73 所示。

图 1–73　电炸炉

电炸炉的使用如图 1–74 所示。

①组装炸炉配件、倒油　　②调至所需温度　　③接通电源

图 1–74　电炸炉的使用

2. 油鼓

油鼓又称油盆、物斗、油桶，为不锈钢制品，有胀形油鼓和直形油鼓两种，放置在灶台上用于盛装食用油，如图 1–75 所示。

a)　　b)

图 1–75　油鼓

a）不锈钢胀形油鼓　b）不锈钢直形油鼓

二、炸制工艺

1. 炸制的概念与适用范围

（1）炸制的概念

炸制是指将成型的面点生坯或者半成品投入到一定温度的大量油中，采用不同的油温、火力加热，使面点生坯或者半成品成熟的熟制方法。

（2）炸制的适用范围

炸制的适用范围很广，几乎所有种类的面点制品都可以用炸的方法成熟，如油酥点心、油条、麻花、麻团、炸春卷、油炸糕、油香、炸馒头等。

（3）炸制的基本原理

炸制是将已经成型的面点生坯投入已加热到一定温度的油内炸制成熟的过程。炸制时的热量传递主要是以热传导的方式进行的，其次是对流传热。炸制过程中热量的传递介质是油脂。油脂通常被加热到 160 ~ 180 ℃。热量首先从热源传递到油炸容器，油脂从容器表面吸收热量，再传递到面点的表面，然后通过导热把热量由外部逐步传向面点内部。热量传递到面点内部的多少，随着不同的油温而有所不同。油温越高，面点中心温度上升越快；面点越厚，内部温度上升越缓慢。

2. 炸制的特点

炸制的特点有二：一是油量多，二是油温高。根据油温的不同，面点可具有外酥里嫩、松发、膨胀、香脆的特点。

3. 炸制的方法

（1）炸制工艺流程

选择原料→调制面团→分割成型→炸制成熟→装盘装饰。

（2）炸制操作步骤

1）根据需要炸制的面点数量和炸锅的大小加入适量的油，加热至制品所需要的温度。

2）把成型的面点生坯有间距地码放在容器中，再依次放入加热好的油锅中，慢慢炸制，直至制品拥有本身应该具有的色泽，沥干多余的油即可。

4. 炸制的技术要领

（1）锅中放油烧热要点

1）根据生坯的数量和炸锅的大小加入适量的油。一般要求在较大锅中炸制，使生坯在锅中有充分的活动空间，以保证制品的形态和油温的恒定，所以，炸制用油量必须是生坯量的几倍甚至几十倍。

2）根据制品要求加热至所需要的炸制温度。面点炸制品品种非常多，其风格、质量要求各不同，对于油温的要求也不同。因此在炸制前，必须根据制品的质量要求把油预热至合适的温度，如油酥制品一般在 150 ℃左右，蛋和面团制品在 180 ℃左右，油条一般在 200 ℃左右等，根据制品特点灵活掌握油温。

（2）生坯下锅炸制要点

1）掌握好油温、火力。在炸制过程中一定要控制好制品炸制温度，油温不可过低或过高。油温过低，会使制品变形、疲软，易渗入大量的油脂而造成吃油现象，达不到制品的质量要求；油温升得高，又容易将制品炸焦、炸煳或外焦里生以致不能食用。所以对油温的控制是炸制的关键技术。

2）控制好炸制时间。炸制时间是指生坯在一定油温下达到质量要求所需的时间。每一种制品的炸制时间都不一样，同一制品的炸制时间又受到制品形体大小、数量多少的影响，所以制品的炸制时间不是固定不变的，必须在实践中不断地摸索。

3）时刻注意保持油锅的清洁。杂质多的油脂易老化，会产生有毒物质污染制品，在炸制过程中必须及时清除落在锅中的炸制品残留物。

技能操作

技能 1　炸制无馅类水调面制品——排叉

排叉是老北京的一种传统小吃，常见品种有五谷排叉、姜汁排叉、姜丝排叉等，如图 1–76 所示。

图 1–76　排叉

一、操作准备

1. 原料

排叉炸制主要原料及参考配方见表 1–14。

表 1–14 排叉炸制主要原料及参考配方 g

原料	用量
面粉	500
冷水	250
色拉油	50
盐	10
生粉	30

2. 设备与器具

工作台、电炸炉、电子秤、量杯、漏勺、油鼓、长筷子、不锈钢盆、菜刀、保鲜膜。

二、操作步骤

准备原料→调制面坯→擀制分割→叠放面坯→分割切制→成型→成熟

步骤 1 准备原料

将面粉、盐称好并混合均匀，倒在不锈钢盆中，量好色拉油、水备用。

步骤 2 调制面坯

将面粉放在工作台上，中间开窝放入色拉油，加水和成面坯，揉到面坯细腻光滑、有韧性和延伸性，用保鲜膜包好静置 30 min。

步骤 3 擀制分割

将和好的面坯擀成大长方形的薄面片，再切成长 21 cm、宽 18 cm 的小面片。

步骤 4 叠放面坯

将 4 片面片叠放在一起。

步骤 5 分割切制

叠放好的面片用刀再切成 14 份长 9 cm、宽 3 cm 的小面片。每一份小面片对折后，从中间切一刀，但不要切断。

步骤 6 成型

切好的面片打开，一头从上往下，另一头从下往上，分别从切开的洞中穿出。

步骤 7 成熟

将成型的排叉放入电炸炉炸制成熟。

排叉的制作过程如图 1–77 所示。

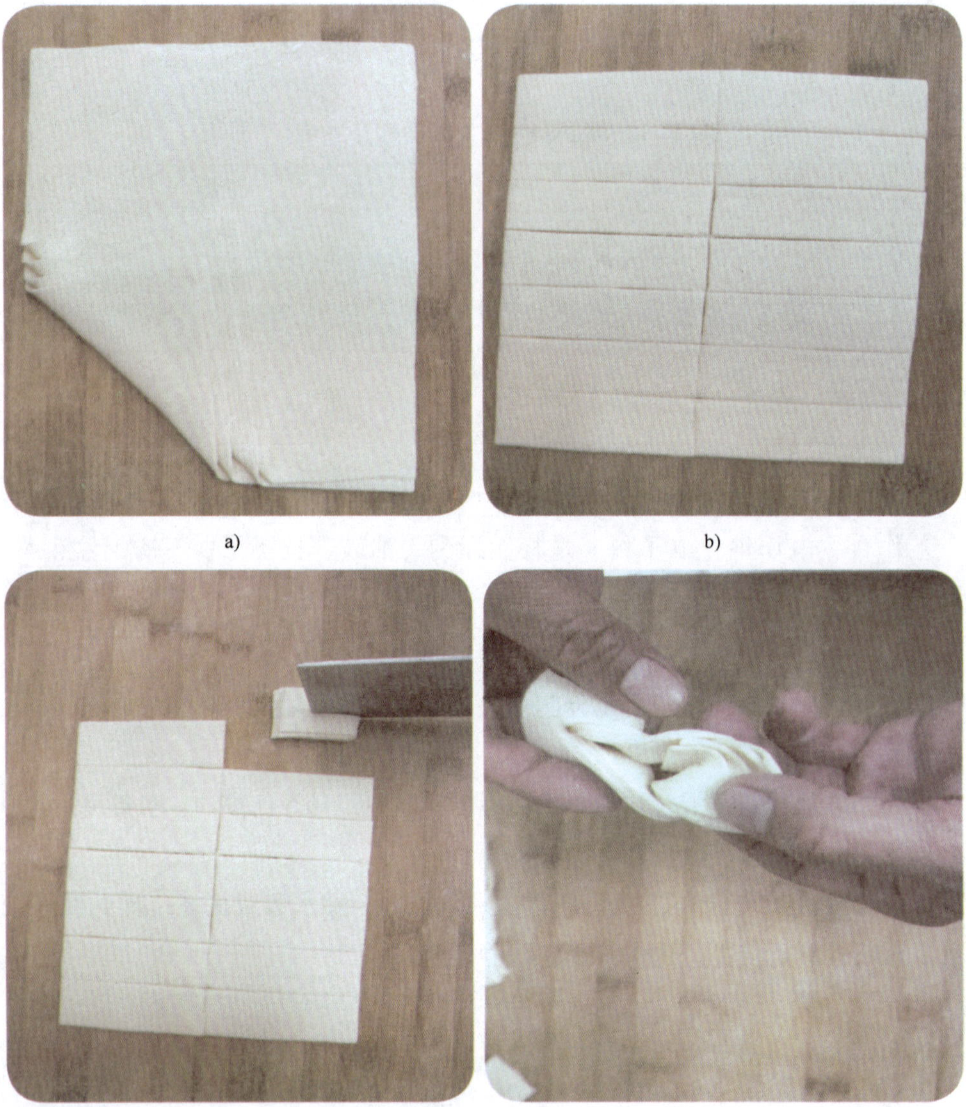

a)　　b)　　c)　　d)

图 1–77　排叉的制作过程

a）叠放面坯　b）分割面坯　c）切制　d）成型

三、操作要点

1. 面团要反复揉至滋润，静置时间要充分。

2. 擀制一定要薄。

3. 成型时要用巧力。

4. 炸制的油温要掌握好，油温高会使成品外焦里生。

四、质量要求

色泽深红，形态一致，外部酥脆，内部松软。

技能 2 炸制无馅类水调面制品——焦圈

焦圈原为清代宫廷的一种油炸食品，后由御膳点心师孙德山将技艺传给升源斋烧饼铺的邬殿元及赵宝明，由此焦圈技术得以保存并传承下来，成为北京传统小吃中的一绝。百年来，焦圈一直是北京人喜爱的一种传统食品，如图 1–78 所示。

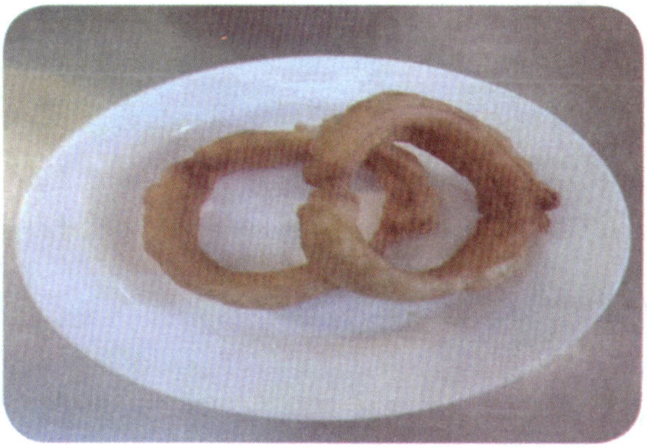

图 1–78 焦圈

一、操作准备

1. 原料

焦圈炸制主要原料及参考配方见表 1–15。

表 1–15 焦圈炸制主要原料及参考配方 g

原料	用量
面粉	500
水（60 ℃左右）	300
碱面	6.5
盐	12
色拉油	10

2. 设备与器具

工作台、电炸炉、电子秤、量杯、漏勺、油鼓、长筷子、不锈钢盆、小剁刀、保鲜膜。

二、操作步骤

准备原料→配制溶液→调制面坯→成型→成熟

步骤 1　准备原料

把面粉称好倒在不锈钢盆中，盐、碱面称好倒在另一个不锈钢小盆中混合均匀，水、色拉油量好备用。

步骤 2　配制溶液

将水倒入盛放盐、碱面的小盆中，边倒边搅动。

步骤 3　调制面坯

将调制好的液体溶液倒入面粉中抄拌成麦穗状，揉成团，再用双手蘸上剩余的溶液，从上到下、从左至右搋捣、提叠至光滑后，刷上色拉油，用保鲜膜包好静置饧发 20 min。饧好后，再按照上述方法搋捣、提叠、缓饧，反复四次，最后一次揉好抹油，饧面 1 h。

步骤 4　成型

将饧发好的面坯放在工作台上压平，用小剁刀（特制的刀身小、刀刃钝的刀，专做油条、焦圈、油饼用）切下 3 cm 宽的条，抻长压平，再剁成 2 cm 宽的段，每两段摞在一起，用小剁刀在中间顺长度方向切一刀，但两端不切断，即成生坯。

步骤 5　成熟

油入炉中烧至 180 ℃，逐个将生坯拿起，稍抻一下放入油中，漂起后翻身，用长筷子从中间刀口处插入，并轻轻碰撞两端，待缝变宽后，再将其撑圆，并套在筷子上，在油中画几个圈，即定型成圆圈状。炸至两面深黄色后，捞出即成。

三、操作要点

1. 碱面、盐的数量以及水温应随季节变化适当调整

以上配料比例适宜春秋两季，如遇夏季要向下浮动，用凉水和面；冬季向上浮动，用温热水和面。

2. 饧面时间随环境温度而定

饧面时间一般夏季短，冬季长，春秋两季居中。尤其是在冬季，饧面时还要注意保温、保湿。

3. 炸制时正确掌握油温

由于焦圈形状小巧、成熟快，因而油温掌握在 180 ℃较为合适。如低于这个温度，则炸制时间长，使制品艮而不脆；高于此温度，又容易焦而不酥。另外炸制时要勤翻动，使两面色泽一致，防止炸成阴阳色。

四、质量要求

色泽深黄油亮，形如手镯，玲珑剔透，质地酥香焦脆。

技能 3　炸制无馅类水调面制品——馓子

馓子，自古南北均有，历史悠久，历朝历代叫法不一。如今，馓子已成为我国各族人民四季喜食的风味佳品，如图 1–79 所示。

图 1–79　馓子

一、操作准备

1. 原料

馓子炸制主要原料及参考配方见表 1–16。

表 1–16　馓子炸制主要原料及参考配方　　g

原料	用量
面粉	500
水（60 ℃左右）	250
碱面	5
盐	8

2. 设备与器具

工作台、电炸炉、电子秤、量杯、漏勺、油鼓、长筷子、不锈钢盆、保鲜膜。

二、操作步骤

准备原料→调制面坯→搓条下剂→成型成熟

步骤 1　准备原料

把面粉、盐称好并混合均匀，倒在不锈钢盆中，碱面称好倒入另一个不锈钢盆中，量杯量好水备用。

步骤 2　调制面坯

用水将碱面融化后倒入已经开窝的面粉中，搓拌成麦穗状后再揉搓，然后逐步淋水将面团搋揉至柔软、滋润、光滑，用保鲜膜包好静置饧发 20 min。

步骤 3　搓条下剂

将饧好的面坯搓成长条后揪 5 个剂子，每个剂子搓成 2 cm 粗的条，刷油后码在盆内，盖好后饧 30 min。

步骤 4　成型成熟

将饧好的面剂逐个搓成 0.5 cm 粗的条，再将其盘卷起来放在盆内，淋油并将其没过，再静置 1 h。

拿起面条的一头，掐在虎口处，并顺势缠绕在并拢的四指上，边缠绕边顺势将条进一步捋细，缠绕完后将面头掖好。四指慢慢撑开，右手插入，两手同时从相反的方向抻长至 20 cm 时，用筷子撑住两头，下入油温 200 ℃的电炸炉内，并将筷子翻拧一下后再放松一些，定型成网状后将筷子抽出，炸成金黄色时翻身，待两面颜色一致并熟透时捞出。

三、操作要点

1. 配料的具体用量应依面粉质量及调制面坯的环境温度而灵活调整。
2. 调制面坯的手法要得当，依各种诱变因素而掌握缓饧时间及次数。
3. 下剂盘条的技术动作要娴熟，成型手法准确而迅速。
4. 掌握炸制的油温与定型动作。
5. 炸制时要及时翻转，不可将制品炸成阴阳色。

四、质量要求

色泽金黄，盘折成把，条股匀细，质感酥脆，触齿即碎，微咸油香。

培训单元 3　烙制无馅类水调面制品

培训重点

1. 熟悉烙制设备与器具的使用方法。
2. 掌握烙制的适用范围及特点。
3. 掌握烙制的方法与技术要领。

知识要求

一、烙制设备与器具

1. 电饼铛

电饼铛也称烤饼机，可以灵活进行烤、烙、煎等烹饪操作，如制作大饼、馅饼、水煎包、锅贴、荷叶饼等，是制作面点常用的设备之一。电饼铛分上下两面铛，可同时使用，也可单独使用下铛。其温度可根据制品不同，在 0 ~ 300 ℃之间灵活调节。目前还有悬浮式电饼铛，所谓悬浮就是电饼铛的上下加热面之间的间隙是可以调整的，饼厚则上下加热面之间间隙变大，饼薄则间隙变小，这样有效保证了双面加热均匀。电饼铛有简单易用、升温快速、清洗方便等特点，如图 1–80 所示。

图 1–80　电饼铛

（1）使用方法

电饼铛的使用方法如图 1–81 所示。

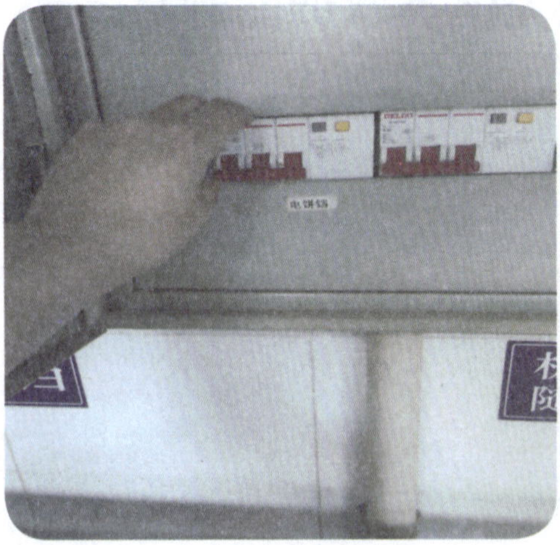

①打开电源开关

②设置需要的温度

③当温度达到后，自动停止加温

④使用后关闭电源，待电饼铛凉后再擦拭干净

图 1–81　电饼铛的使用方法

（2）注意事项

1）按要求将电饼铛放到指定位置。

2）电饼铛里面及表面要做到无油污、无水迹、无面粉、无面渣。

3）严格按安全操作说明操作。

4）电饼铛不宜长时间空烧，连续工作时间不得超过 24 h。

5）电饼铛在使用过程中操作人员不可远离。

6）不要在易燃、易爆物品周围及潮湿的场所使用电饼铛。严禁在露天或淋雨的状态下使用。

2. 平底锅

平底锅是一种用来煎煮食物的器具，直径为 20 ~ 30 cm。平底锅适合烙或者炒海鲜类、畜肉类和家禽类菜肴，煮蔬菜或制作便于用手指取食的健康小吃。平底锅使用方便快捷，只需短短几分钟，就能烹调出各式各样的佳肴，如图 1–82 所示。

图 1–82　平底锅

3. 煎铲

煎铲用于煎、烙、烘烤制品的铲取或翻动。煎铲有不锈钢平铲，刃口平直且锋利，可用于平底锅具油煎食物时翻面，并可切割食物；有木铲，不烫手、不伤锅；有漏铲，铲头上设有多个规则的漏油孔。煎铲如图 1–83 所示。

a）　　b）　　c）

图 1–83　煎铲

a）不锈钢平铲　b）木铲　c）漏铲

二、烙制工艺

1. 烙制的概念与适用范围

（1）烙制的概念

烙是把成型的生坯或者半成品摆入平底锅内，采用刷油、加水或者直接以锅底传热使面点生坯或半成品受热成熟的熟制方法。

（2）烙制的适用范围

烙制适用的范围主要有水调面坯、酵母膨松面坯、米粉面坯、粉浆等，特别适合各种饼的熟制，如大饼、春饼、葱油饼、家常饼、煎饼等。

2. 烙制的特点

烙是一种应用比较广泛的熟制法，由于热量主要来自锅底，且温度较高，烙时制品的两面反复接触锅底，直至成熟，因此成品的特点是皮面香脆，内里柔软，外表呈金黄色，有类似虎皮的花斑。

3. 烙制的方法

根据不同品种的需要，烙制方法一般分为干烙、刷油烙、加水烙三种。

干烙：是将生坯直接放在烧热的平底锅上，制品和锅底既不刷油、也不洒水，直接烙制成熟的一种熟制方法。

刷油烙：是在干烙的基础上再刷点油，制作方法和干烙相同，只是在烙制过程中，在制品表面或者锅底刷一些油，每翻动一次都要刷油，刷油要均匀。

加水烙：是在干烙的基础上，在锅中洒少许清水，使之遇热变成蒸汽焖熟制品的方法。加水烙在洒水前的做法与干烙完全一致，但只烙一面，烙成焦黄色时再洒少许清水，盖上盖，焖至成熟出锅。

（1）烙制工艺流程

1）干烙工艺流程

锅体预热→放入生坯→翻坯→成熟。

2）刷油烙工艺流程

锅体预热→锅底刷油→放入生坯→刷油翻坯→成熟。

3）加水烙工艺流程

锅体预热→放入生坯→加水烙焖→成熟。

（2）烙制操作步骤

1）干烙。具体方法是：饼铛提前预热后，均匀地放入面点生坯，先烙一面，再烙另一面，至两面成熟为止。干烙制品具有浓烈的面香味，其在配料中一般都要加入一定量的油脂、盐等其他辅料，口味甘香。

2）刷油烙。具体方法是：饼铛提前预热后，在锅底刷少许油，均匀地放入面点生坯，制品表面刷少许油翻面烙另一面，每翻动一次，就刷一次油，制品的成熟主要靠锅底传热，油脂也起到一定作用，至两面成熟为止。刷油烙的制品不但色泽美观，而且皮面香脆，内部柔软有弹性。在操作时，还应注意以下两点：一是无论锅底或制品表面，刷油一定要少；二是刷油要刷匀。

3）加水烙。具体方法是：饼铛提前预热后，迅速均匀地放入面点生坯，待温度升起洒少许水，盖上盖，边烙边焖，直至制品成熟。加水烙的制品底部香脆，上部和皮边缘柔软，别具特色。操作时，要掌握以下要点：

①洒水要洒在锅内最热的地方，使之很快产生蒸汽。

②如一次洒水焖不熟，就要再次洒水，一直到成熟为止。

③每次洒水量要少，宁可多洒几次，也不要一次洒得太多，以防制品烂糊。

4. 烙制的技术要领

（1）烙锅、饼铛必须刷洗干净

锅的清洁与否对成品质量影响很大。操作前必须把锅底、锅边的杂质和黑垢铲除擦净，以防成品烙制后表面有黑色斑点，影响制品的外观。每次制作后，也要进行彻底清洁，否则剩余的油或者高温焦煳的黑斑会影响下一次制作。

（2）注意控制火候

不同的制品需要不同的火候。对于薄饼类，如单饼、春饼等，火要旺，烙制动作要快。对于中厚饼类，如葱油饼、家常饼等，要求火力适中。对于较厚的饼类，如包馅、加糖面坯制品，要求火力稍小。操作时，注意力要集中，必须按制品的要求调整火候大小和温度的高低，否则稍一疏忽，制品就会出现焦煳现象。

（3）注意移动制品位置

烙制过程中必须按照不同制品的要求，根据火力大小和温度高低不断移动锅或制品的位置。因为锅在受热后，一般是中间部位温度高、边缘部位温度低，为使制品均匀受热，大多数制品在烙制到一定程度后，就要移动，使制品的边缘转到锅的中心。这样制品就能全面均匀地受热成熟，不致出现中间焦煳、边缘夹生的现象。行业常说烙饼要“三翻九转”，就是这个道理。

技能操作

技能 1　烙制无馅类水调面制品——荷叶饼

荷叶饼是由秦汉时的“白饼”演变而来的，至今已有两千多年的历史。荷叶饼又称合页饼、春饼，都是用两个面剂刷油后合在一起擀成薄饼，烙熟后揭开成两张，如图 1–84 所示。

图 1–84　荷叶饼

一、操作准备

1. 原料

荷叶饼烙制主要原料及参考配方见表 1–17。

表 1–17　荷叶饼烙制主要原料及参考配方　　g

原料	用量
面粉	500
水（80 ℃以上）	260
色拉油	30
猪油	15

2. 设备与器具

工作台、电饼铛、电子秤、量杯、面盆、油盆、油刷、擀面杖、饼铲、保鲜膜、刷子。

二、操作步骤

准备原料→调制面坯→搓条下剂→成型→擀制→成熟

步骤 1　准备原料

把面粉称好倒在面盆中，猪油、色拉油分别称好，量杯量好水备用。

步骤 2　调制面坯

用水将面粉和成面坯，稍晾后加入猪油揉匀，用保鲜膜包好静置饧发20 min。

步骤 3　搓条下剂

将饧发好的面坯搓制成均匀一致的长条，揪成 40 个面剂。

步骤 4　成型

面剂上撒干面粉，擀平，刷一层色拉油，再撒一层干面粉，用刷子将多余的干面粉扫干净，然后每两个面剂油面相对合在一起。

步骤 5　擀制

将合在一起的面剂擀成直径 16 cm 的薄饼坯。

步骤 6　成熟

饼铛烧热，放入饼坯，烙至表面起小泡，翻过另一面，再烙至饼面鼓起大包即出锅。将出锅的饼趁热揭开，叠成半圆或扇面形（着火色的一面叠在里面），装盘随菜上桌。

荷叶饼的制作过程如图 1–85 所示。

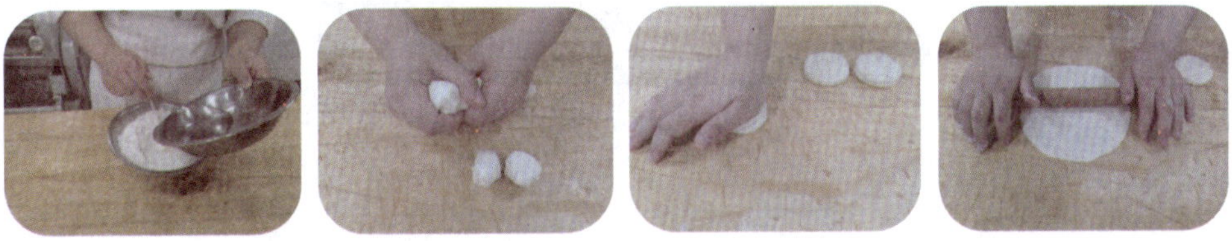

a)　b)　c)　d)

图 1–85　荷叶饼的制作过程

a）调制面坯　b）搓条下剂　c）成型　d）擀制

三、操作要点

1. 调制面坯的水温及水量要依据面粉质量以及环境温度适当调整，调制好的面坯不可过硬，也不能太软。

2. 面坯烫好后，要散尽面坯中的热气。

3. 擀饼成型时，要两面翻着擀，以防形状不一。

4. 烙制的火候不可过低，要急火快翻，既要上色，还要保证饼质柔软。

5. 烙制时不能带太多的干面粉，以保证饼面洁净。

四、质量要求

色泽青白并有芝麻火色，呈周正的圆形，大小一致，轻薄透亮，质地柔软，柔韧有劲。

技能 2　烙制无馅类水调面制品——葱花饼

葱花饼是一款大众化面点，是人们用水调面坯做皮，用葱花做辅料制成的一款独具特色的食品，如图 1–86 所示。

图 1–86　葱花饼

一、操作准备

1. 原料

葱花饼烙制主要原料及参考配方见表 1–18。

表 1–18 葱花饼烙制主要原料及参考配方 g

原料	用量
面粉	500
水（常温）	280
色拉油	20
葱花	100
盐	15

2. 设备与器具

工作台、电饼铛、电子秤、量杯、擀面杖、饼铲、油刷、油盆、保鲜膜、桑刀、不锈钢小盆。

二、操作步骤

准备原料→调制面坯→擀制成型→成熟

步骤 1 准备原料

把面粉称好倒在工作台上，盐称好与葱花放在不锈钢小盆中拌匀，量杯量好水、色拉油备用。

步骤 2 调制面坯

将面粉放在工作台上，中间开窝加入液体原料，揉到面坯组织结构细腻，表面光滑，有韧性和延伸性，用保鲜膜包好静置 10 min。

步骤 3 擀制成型

将饧发好的面坯擀成圆形饼坯，上面刷油、撒葱花，用刀切一角，按住中心点，卷成筒状，包好保鲜膜松弛 5 min。

步骤 4 成熟

将松弛好的面剂擀成 0.5 cm 厚的圆形饼坯，将电饼铛预热至 190 ℃，刷色拉油，放入饼坯，烙至两面金黄。

葱花饼的制作过程如图 1–87 所示。

三、操作要点

1. 调制面团时液体原料要分次加入，面团要揉匀搓透。
2. 擀制时用力要均匀，饼坯厚薄要一致。
3. 葱花要均匀地撒在饼坯上，叠时要尽可能紧致以便于擀制。

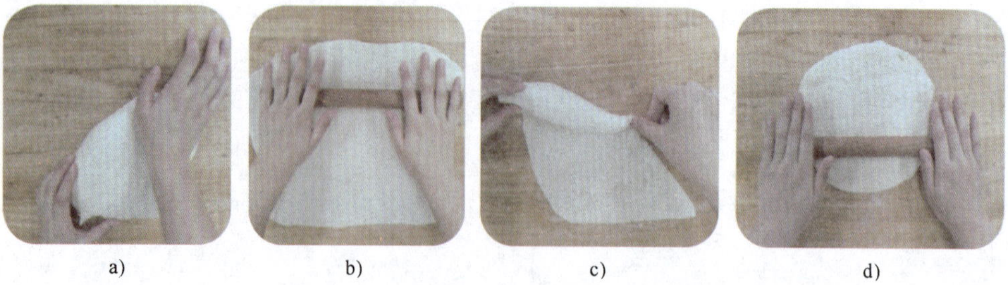

图 1–87　葱花饼的制作过程

a）调制面坯　b）擀成圆形　c）卷成筒状　d）擀制成型

四、质量要求

色泽美观，厚薄均匀，层薄如纸，入口酥香。

培训模块 二
膨松面品种制作

内容结构图

- 膨松面品种制作
  - 面坯调制
    - 原料、设备与器具
    - 生物膨松面坯调制
  - 生坯成型
    - 手工成型
    - 模具成型
  - 产品成熟
    - 蒸制无馅类生物膨松制品
    - 烤制无馅类生物膨松制品

培训项目 1 面坯调制

培训单元 1 原料、设备与器具

培训重点

1. 熟悉酵母的种类。
2. 熟悉影响酵母生长繁殖的因素。
3. 熟悉搅拌机、醒发箱的使用方法及操作要点。

知识要求

一、酵母与面肥

1. 酵母

（1）酵母的作用

生物膨松面坯因其中酵母菌的作用，产生一系列生物化学反应，面坯产生孔洞，变得疏松、柔软、多孔，制成的面点体积膨大、形态饱满、口感松软、营养丰富。生物膨松面坯适合制作包子、馒头、花卷等。

（2）酵母的种类

根据加工方法的不同，酵母可分为压榨鲜酵母、液体鲜酵母、活性干酵母和即发活性干酵母四种。

1）压榨鲜酵母。这种酵母由酵母厂将酵母菌经过培殖制成酵母液，再用离心机将其浓缩，最后以压滤机压榨而成。压榨鲜酵母呈块状、淡土色，有特殊香味，比较干爽，含水量一般为73%～75%，使用比较方便，只需根据用量加入少量温水，用手捏成稀薄的稀浆状，然后再加入面粉和成面坯，即可发酵。压榨鲜酵母的发酵力强而均匀，但因含水量较高，容易酸败变质，所以需放在0～4 ℃的低温冷藏库或冰箱内保管，且已溶解的酵母浆应当天用完。

2）液体鲜酵母。液体鲜酵母是将培养酵母的溶液除去废渣后的乳状酵母，这种酵母的含水量在90%左右，其功效与压榨鲜酵母相同。这种酵母由于含水量多，保管、运输都较困难，因此适合随制随用，并要注意防止酸败变质。

3）活性干酵母。活性干酵母是将压榨鲜酵母经过低温干燥，脱去一部分水分而制成的粒状干酵母。它的含水量为8%～10%，呈淡土色，具有清香气味，便于携带，又便于保存。

4）即发活性干酵母。即发活性干酵母是采用新工艺设备，将酵母乳液分离，低温脱水精制而成的，色泽为淡黄色，具有酵母特有的香气，呈颗粒状。它是一种发酵很快的高活性新型干酵母，其活性远远高于压榨鲜酵母和活性干酵母，具有发酵力强、发酵速度快、活性稳定、便于储存等优点。

（3）影响酵母生长繁殖的因素

1）温度对酵母生长的影响。温度是影响酵母生长的因素之一。在一定的范围内，随着温度的升高，酵母的生长速度也加快，这是因为酵母对温度特别敏感。实验结果显示：酵母菌在30 ℃左右最活跃，发酵最快，15 ℃以下繁殖缓慢，0 ℃以下失去活动能力，60 ℃以上则会死亡。温度偏低，则酵母生长时间相应延长；温度过高，则其作用也相应减退，以致杂菌滋生，使制品酸度增高。控制的办法主要是调节气温和水温。

2）渗透压对酵母生长的影响。渗透压是指为阻止渗透作用所需要加给溶液的额外压力，外界介质渗透压的高低对酵母的活力有较大的影响。这是因为酵母细胞的外层细胞膜是半透膜，即具有渗透作用，故外界介质的浓度会直接影响酵母的活力，高浓度的糖、盐、无机盐及其他可溶性的固体物质都会造成较高的渗透压力，抑制酵母的生长。当外界介质浓度高时，酵母体内的原生物渗出细胞膜，原质浆分离，酵母因此被破坏，无法生存。在这方面，干酵母比鲜酵母有更强的适应能力。当然也有一些酵母在高浓度下仍可生存、生长并发酵。

在面包生产中，影响渗透压大小的主要是糖和盐这两种原料。当配方中的糖含量为0～5%时，对酵母的发酵不起抑制作用，反而可促进酵母的发酵；当超过

6% 时，便会抑制发酵作用；如果超过 10% 时，发酵速度就会明显减慢。在葡萄糖、果糖、蔗糖和麦芽糖中，麦芽糖的抑制作用比前三种糖小，这是因为麦芽糖的渗透压比其他糖要低。盐的渗透压更高，对酵母发酵的抑制作用更大，当盐的含量达到 2% 时，发酵即受影响。

3）pH 值对酵母生长的影响。酵母菌能在 pH 值为 3.0 ~ 7.5 的范围内生长，最适 pH 值为 4.5 ~ 5.0。一般在发酵开始时，pH 值为中性，即 7.0 左右，此时处于氧气充足的条件下，酵母菌代谢产物为二氧化碳，使 pH 值开始下降，酵母菌数量呈对数增长；pH 值降至 4.5 ~ 5.0 时，酵母菌繁殖达到顶峰，生长发酵效果也最好；之后 pH 值继续下降，且氧气含量较低，酵母菌的代谢产物除了二氧化碳之外还有酒精，酵母菌的活性开始逐渐降低，繁殖速度也逐渐放缓；pH 值降至 3.0 以下时，酵母菌会大量死亡。

4）营养物质对酵母生长的影响。可以被酵母直接采用的营养物质是葡萄糖和果糖。蔗糖则需要经过酵母中的转化酶的作用，分解为葡萄糖和果糖后，再为酵母生长发酵提供能源。麦芽糖是由面粉中的淀粉酶分解面粉中的破碎淀粉而得到的，它经酵母中的麦芽糖酶转化变成 2 分子葡萄糖后，也可以被利用。

5）用水量对酵母生长的影响。酵母生长时的保水量，对发酵生长有很大影响。保水量多，酵母生长时间短；保水量少，则会抑制酵母生长。

2. 面肥

（1）面肥的概念与特点

1）面肥的概念。面肥是含有酵母菌的面头，它有很多名称，如面肥、酵种、酵肥、发面头、引子、底面、老面等，就是把当天剩下的发酵面团加水抓开，掺入面粉揉成坯，进行静置发酵，成为第二天使用的新面肥。它除了含有酵母菌以外，还含有醋酸菌、乳酸菌等杂菌，酵母菌在发酵的同时，面肥中的杂菌也在同时发酵，所以面肥发酵与酵母发酵最大的不同是杂菌的繁殖与气体产生同时进行。当面肥产生大量的气体时，杂菌也大量繁殖，并分泌氧化酶，氧化酶将单糖产生的一些稀薄酒精变为醋酸，因此面肥会产生较多的酸味。面肥发酵的时间越长，酸味也就越浓。

2）面肥的特点。

①面肥中的杂菌在发酵过程中会产生较多的酸味，所以采用面肥发酵的面坯，需要兑入碱中和以去除酸味。

②制作方法简便，成本低廉，发酵快，质量好。

（2）面肥培养法

面肥培养的方法很多，如老酵母培养法、白酒培养法、酒酿培养法。

1）老酵母培养法。老酵母的用量可根据使用时间及室内温度的高低、加水的温度、面坯的软硬等因素灵活掌握。

老酵母培养法的经验用量见表 2–1。

表 2–1　老酵母培养法的经验用量

面粉（g）	面肥（g）	水（g）	发酵时间（h）
500	30 ~ 40	250 ~ 300	（春、秋）4
500	20 ~ 30	250 ~ 300	（夏）2
500	50 ~ 60	250 ~ 300	（冬）6

2）白酒培养法、酒酿培养法。在面粉中掺入酒酿或白酒、水搅成稀糊，放入盆内盖严，静置发酵，再加入干面粉揉成团再次饧发，经过一定时间即可饧发成酵种。

白酒培养法、酒酿培养法的经验用量分别见表 2–2、表 2–3。

表 2–2　白酒培养法的经验用量

面粉（g）	白酒（g）	水（g）	水温（℃）	发酵时间（h）
500	100 ~ 150	200 ~ 250	（春、秋）35	（春、秋）7 ~ 8
500	100 ~ 150	200 ~ 250	（夏）25	（夏）4
500	100 ~ 150	200 ~ 250	（冬）40	（冬）10

表 2–3　酒酿培养法的经验用量

面粉（g）	酒酿（g）	水（g）	水温（℃）	发酵时间（h）
500	250	200 ~ 250	（春、秋）35	（春、秋）7 ~ 8
500	250	200 ~ 250	（夏）25	（夏）4
500	250	200 ~ 250	（冬）40	（冬）10

二、设备

1. 多功能搅拌机

多功能搅拌机也称打蛋机，主要用于液体面糊、蛋液等黏稠物料的搅拌，如糖浆、蛋糕面糊和裱花乳酪的搅拌，同时也可用于面坯的调制、馅心的搅拌等。由于其用途广泛，因此被称为多功能搅拌机。多功能搅拌机是行业中使用很普遍的一种加工机具。它工作时主要以电动机作为动力源，通过传动箱内的齿轮传动带动搅拌器，在使搅拌器高速运转的同时自身又产生公转，由此对物料进行强制搅拌和充分摩擦，以实现对物料的混匀、乳化和充气作用。由于搅拌机的高速旋转运动，使蛋液混入大量气泡，因而使胶体蛋白气泡膨松、体积增大。

目前使用的多功能搅拌机分为立式多功能搅拌机（见图 2–1）和台式多功能搅拌机（见图 2–2）。结构一般由机架、电动机、传动装置、变速装置、搅拌桨、料桶等构成。多功能搅拌机的电压有 380 V 和 220 V 两种。速度有 2 段、3 段、4 段、8 段变速，小型的也有无级变速，一般搅拌速度为 70 ~ 270 r/min。

图 2–1 立式多功能搅拌机

图 2–2 台式多功能搅拌机

（1）搅拌桨的种类和功能

多功能搅拌机的搅拌桨一般有以下三种。

1）钩形搅拌桨。钩形搅拌桨是一种高强度整体锻造工具，外形结构一般与料桶的侧壁弧线相平行，适用于低速搅拌糖浆、面坯等黏度较大的物料，并具有和面功能，如图 2–3 所示。

2）球形搅拌桨。球形搅拌桨由很多粗细均匀的不锈钢钢条制成。球形搅拌桨的强度相对较低，在旋转时有弹性搅拌作用，可增加液体物料的摩擦机会，有利于空气的混入，适用于在高速下搅拌蛋液、蛋糕糊等黏度较低的物料，如图 2–4 所示。

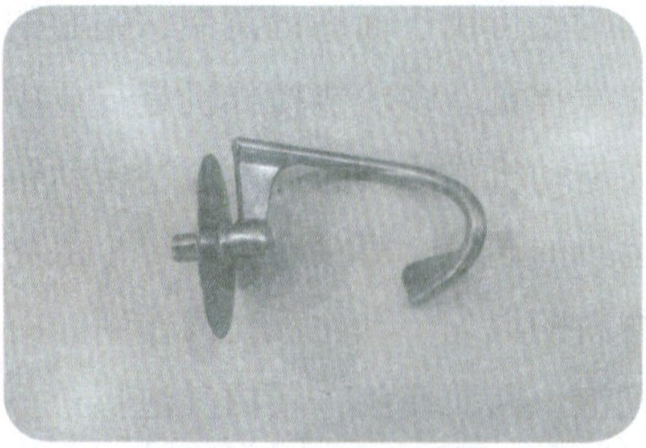

图 2–3　钩形搅拌桨

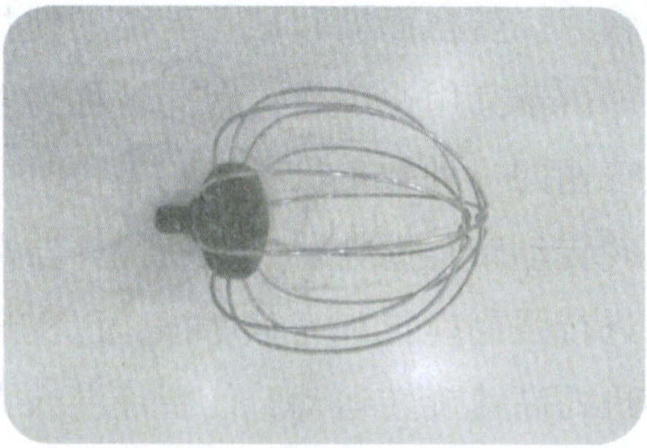

图 2–4　球形搅拌桨

3）扇形搅拌桨。扇形搅拌桨由铁或不锈钢整体锻铸而成，强度较高，且作用面较大，适用于中速搅拌馅心、膏状物料以及黄油等凝固状的油脂，如图 2–5 所示。使用扇形搅拌桨中速搅拌黄油，能使大量空气进入黄油内。

（2）料桶

料桶用于盛装物料，按盛装量区分大小，如图 2–6 所示。

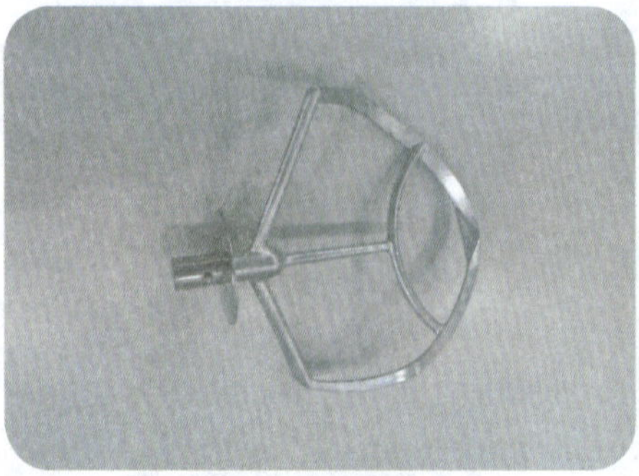

图 2–5　扇形搅拌桨

图 2–6　料桶

（3）多功能搅拌机使用方法

以台式多功能搅拌机为例，使用方法如图 2–7 所示。

（4）多功能搅拌机使用注意事项

1）使用前先检查电源电压是否与所购设备上标注的电压相符，机外接地线是否牢固。

2）试机前不装任何搅拌器具，以免因转向不符导致机件损坏。

3）换挡前必须先停机。

4）工作时将料桶提升，更换搅拌器具时，应先将料桶下降。更换物料时，先取出搅拌器具再取出料桶。

5）使用后应及时清洗搅拌器具及料桶，并保持机器整体洁净。

①将料桶安放到支架上

②按被搅拌物料的不同，选择适当的搅拌桨并安装，倒入要搅拌的原料

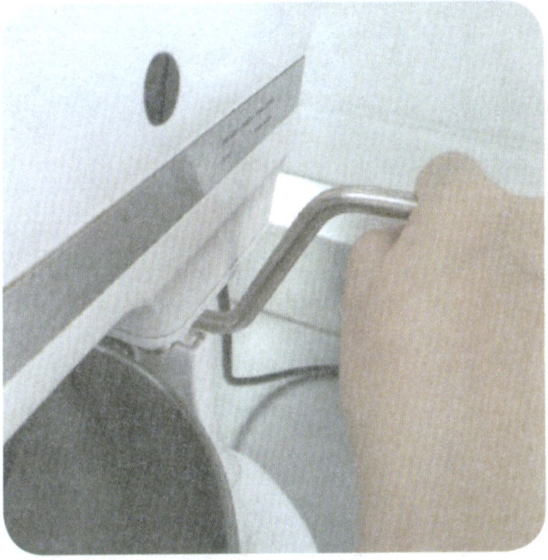

③摇动升降抬手，使料桶上升至适当位置

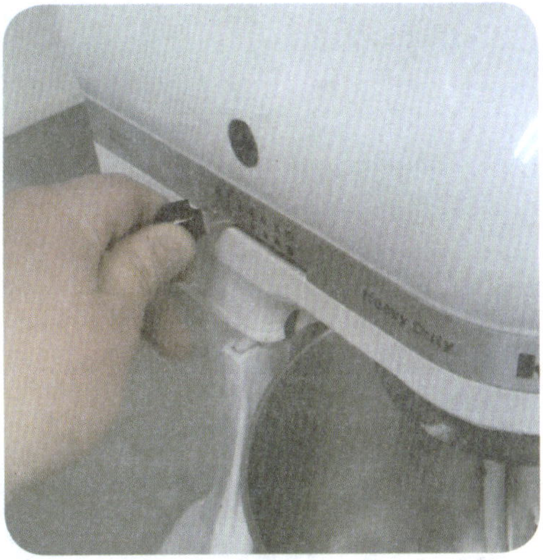

④按物料要求选择适当的转速

图 2–7 多功能搅拌机的使用方法

6）搅拌机工作时，手不得伸入桶内；不得用水喷洗搅拌机；不得用湿手接触开关和电源插头；搅拌机有故障时，应立即停止使用。

2. 醒发箱

醒发箱是用来完成产品发酵、醒发工作的。醒发箱使用方便、快捷，是现代食品制作工艺中生物膨松面坯醒发的理想设备。醒发箱的型号很多，大小也不尽相同。醒发箱的箱体大都为不锈钢制成，由密封的外框、活动门、不锈钢托架、电源控制开关、水槽、湿度调节器、温度调节器等部分组成，如图 2–8 所示。醒发箱的工作原理是靠电热管将水槽内的水加热蒸发，使面坯在一定温度和湿度下充分地发酵膨胀。如发酵面包、馒头时，一般是先将醒发箱调节到设定的温度后，再进行发酵。

图 2-8　醒发箱

（1）使用方法

醒发箱的使用方法如图 2-9 所示。

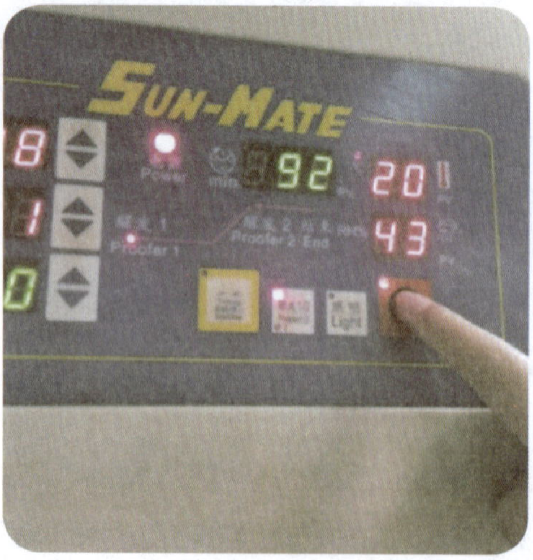

①插上电源，打开开关

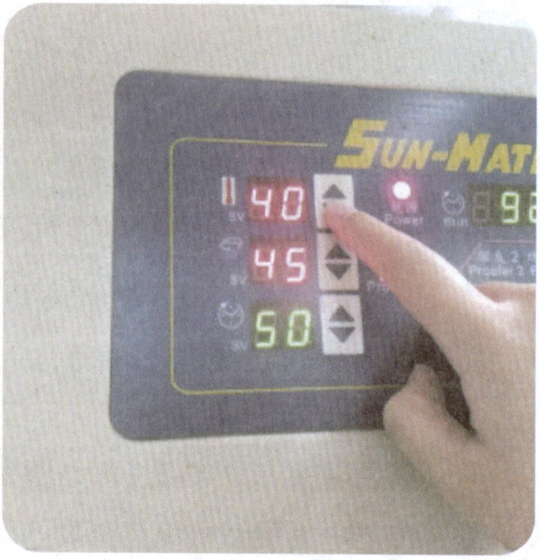

②调节所需温度和湿度

③放入产品醒发

④使用后关闭电源

图 2-9　醒发箱的使用方法

（2）注意事项

1）使用前先检查醒发箱水槽水量。

2）根据产品的需要，准确调节醒发箱温度、湿度。

三、器具

1. 盆

盆，主要有不锈钢、铝和瓷制几种，由于铝盆不符合卫生标准，而瓷盆又过于沉重，所以现在基本都使用不锈钢盆。不锈钢盆有大中小之分，不同的工作流程使用不同大小的盆。不锈钢盆易于清洁，重量又轻，不易腐蚀，便于使用，如图 2-10 所示。

图 2-10　不锈钢盆

2. 粉筛

粉筛又称罗、罗筛，是一种用于分离粗细颗粒的工具，由筛框与筛网组成，筛网可由金属丝（不锈钢或铜）、棕丝、绢、竹丝、马尾毛、尼龙等材料制成。根据用途不同，筛眼的大小有多种规格，主要用于筛面粉、米粉以及擦豆沙，过果蔬汁、泥等，绝大部分精细面点在调制面坯前都应将粉料过筛，以确保产品质量。使用时，将粉料放入粉筛内（不宜一次放入过满），双手左右摇晃，使粉料从筛眼中通过，如图 2–11 所示。

3. 粉帚

粉帚是用来清扫工作台上面的杂物与废料的工具，如图 2–12 所示。

图 2–11　粉筛

图 2–12　粉帚

4. 小簸箕

小簸箕是用来盛装工作台上面的杂物与废料的工具，小而精致，便于清洗存放，如图 2–13 所示。

图 2–13　小簸箕

技能操作

调制面肥成品

一、操作准备

1. 原料

面肥调制的原料及参考配方见表 2–4。

表 2–4　面肥调制的原料及参考配方　g

面粉	水	面肥
500	250	50

2. 设备与器具

电子秤、量杯、不锈钢盆、保鲜膜。

二、操作步骤

准备原料→撕碎搅拌→调制面肥成品

步骤 1　准备原料

把面肥放入不锈钢盆中，面粉、水称好备用。

步骤 2　撕碎搅拌

将面肥在不锈钢盆内撕碎，倒入水搅拌成均匀溶液。

步骤 3　调制面肥成品

加入面粉揉均匀，调制成面坯，用保鲜膜包好发酵成 2 倍大即成面肥成品。

面肥成品的调制过程如图 2–14 所示。

三、操作要点

1. 面肥要撕碎，不能有面疙瘩。
2. 面坯要揉匀、揉光滑。
3. 掌握好发酵时间。

四、质量要求

色泽正常白净，面香味浓郁。

a)　　b)　　c)

图 2–14　面肥成品的调制过程

a）撕碎搅拌　b）调制面肥　c）面肥成品

培训单元 2　生物膨松面坯调制

培训重点

1. 熟悉生物膨松面坯的种类与特点。
2. 掌握生物膨松面坯的调制方法。
3. 掌握面肥发酵的技术要领。

知识要求

一、生物膨松面坯的概念、种类与特点

1. 生物膨松面坯的概念

生物膨松面坯是指在面坯中引入酵母菌或者面肥，酵母菌在适当的温度、湿度等外在条件和淀粉酶的作用下繁殖发酵，发生化学反应，使面坯中充满气体，形成均匀致密的海绵状组织结构。行业中常常称其为发面、发酵面、酵母膨松

面坯。

2. 生物膨松面坯的种类、特点及应用

（1）生物膨松面坯的种类

生物膨松面坯按发酵方法不同可分为两大类：一类是酵母发酵的面坯，另一类是面肥发酵的面坯。

（2）生物膨松面坯的特点

生物膨松面坯具有体积疏松膨大、质地细密暄软、组织结构呈海绵状、成品味道香醇适口、便于消化的特点。

（3）生物膨松面坯的应用

生物膨松面坯适合制作大包子、馒头、花卷、发面饼、小笼包、豆包、千层饼等。

二、生物膨松面坯调制方法

生物膨松面坯是中式面点工艺中应用最广泛的一类大众化面坯，各地区都有传统的调制方法，只在下料上略有不同。

1. 酵母发酵面坯的调制

（1）酵母发酵面坯调制主要原料及参考配方

酵母发酵面坯调制主要原料及参考配方见表 2–5。

表 2–5 酵母发酵面坯调制主要原料及参考配方 g

面坯	面粉	水	酵母	白糖	鸡蛋	奶粉	黄油	盐	应用
普通酵面	500	250	5						包子
甜味酵面	500	220	10	100	50	20	80	5	面包

（2）酵母发酵面坯调制方法

酵母发酵面坯根据制品的不同，调制的方法也有所不同，可分为一次发酵法和二次发酵法。一次发酵法又称直接发酵法，是在和面时按配方一次投入全部原料进行面团调制和发酵，一次发足。该法主要用于普通面团的调制，如包子、馒头、花卷等制品的面坯以及部分面包面坯的调制（这种方法省时省力，但风味较二次发酵法差）。二次发酵法又称间接发酵法，是将原料的一部分先调成面坯进行第一次发酵，待发起后再把其余原料全部加入调成面坯，进行第二次发酵。二次发酵法的目的是通过第一次的发酵，使面团中的酵母增生（发酵时间为 12 h），再通过第二次的发酵使面坯体积膨大（发酵时间为 1 h 左右）。该法主要用于面包的制作。

（3）酵母发酵面坯调制技术要领

1）选用合适的面粉。面点制品不同，对面粉的要求也不一样。调制普通的面坯，如制作包子、馒头、花卷等品种的面坯，一般应选用中、低筋的面粉；制作面包应选用高筋面粉。

2）掌握辅料与水的用量。特别是辅料较多的面坯，一定要严格按照其配方要求进行调配。同时要根据环境温度的不同调节水量，对于同一种面坯，一般冬天水稍多一些，而夏天则少一些。

3）控制水温。水温是控制面坯温度的主要因素，原则上调制好的面坯内部温度以 28 ~ 30 ℃为宜。要根据环境温度、面粉的用量、保温条件、调制方式等因素来控制水温。一般来说，若环境温度低，面粉用量少，保温条件差，调制时间短，则面坯所加水的水温可适当高些；反之可以低些。

4）面团要充分调匀。不论是采用手工还是机器调制面坯，都应反复揉、摔或反复搅拌，这样才有利于面筋的充分形成，使面团光洁滋润，具有良好的持气性，从而保证成品质地细腻、洁白有光泽、松软如海绵。

5）控制面团的饧发时间。一般夏季时间短，冬季时间相对长。

2. 面肥发酵面坯的调制

（1）面肥发酵面坯调制主要原料及参考配方

面肥发酵面坯调制主要原料及参考配方见表 2–6。

表 2–6　面肥发酵面坯调制主要原料及参考配方　　g

面坯	面粉	水	面肥	白糖	碱面	应用
普通酵面	500	250	50		4	包子、馒头
碰酵面	250	125	200		4	包子、馒头
开花酵面	250		500	75	5	开花馒头

（2）面肥发酵面坯调制方法

1）和面。采用调和法或抄拌法的和面方法。将面粉放于工作台上或不锈钢盆中，中间挖坑，加入面肥、水，把面肥和水调制成均匀的面糊后，逐渐拌入面粉，和成光滑、细腻的面坯。

2）发面。将和好的面坯用保鲜膜包好静置发酵 1 h 成发面坯。

3）兑碱。兑碱又称加碱、下碱、吃碱、扎碱等，是面肥发酵面坯调制的关键技术。加碱的原因是面肥发酵面坯在发酵过程中，面坯内杂菌不可避免地会产生酸味，因此在面团发酵成熟时需加碱进行中和。兑碱的目的一是去酸，二是使面团进一步松发，起到辅助发酵的作用。

①用碱量。碱量的适当与否，对成品质量有着决定性作用。若碱量适中，则制品色泽洁白、松泡；若碱量多，则制品色黄、味苦涩；若碱量少，则制品味酸、发硬不松。兑碱的技术关键是加碱量的掌握，加碱多少主要根据面坯发酵的程度、气温高低、操作时间等具体情况灵活掌握。面坯发酵程度受温度影响很大，温度高，面坯发酵快且产酸多；温度低，面坯发酵缓慢，产酸速度也缓慢。加碱后的面坯，在高温下易“跑碱”，在低温下变化小。所谓“跑碱”，是指加碱后的面坯继续发酵产酸，使面团酸性大于碱性，犹如加进面坯中的碱“跑”了，使面坯又呈酸性。温度越高，“跑碱”越快。因此在气温高的情况下，发酵面坯加碱量要稍多，且面坯“跑碱”后要及时补碱。

②兑碱法。发酵成熟后的面坯兑碱是整个发酵工艺中极为重要的一个环节，常用的兑碱方法有粉碱戗面法和溶碱法两种。粉碱戗面是将碱面直接加入面坯中；溶碱法是将碱面或碱块放入清水中溶成碱水，再加入面坯。面坯加碱后要立即进行揉、揣，让碱在面坯中均匀分布。加碱不匀，易造成制品“花碱”，即制品有白一块、黄一块的花斑。

③验碱法。酵面加碱后，要检验碱量多少是否合适，这在餐饮业中被称为“看碱”。看碱对于正确用碱关系极大。如发现欠碱，可及时补碱；如碱多，则可加入适量的酵种，或者再饧置一段时间。制品一旦成熟后，碱多、碱少就都无法补救了。检验用碱量，常用的有看酵法、听酵法、闻酵法、尝酵法、抓醇法、蒸酵法、烙酵法、烤酵法等。

a. 看酵法。即将兑碱调匀的酵面用刀切开，观察面坯内部蜂窝眼结构，如蜂窝眼大小均匀则为正碱，孔眼大小不匀呈长形为缺碱，孔眼稀少或无孔眼则为重碱。

b. 听酵法。即用手拍打兑碱后的酵面听其声音，若清脆悦耳为正碱，拍打有空响声为缺碱，拍打声闷响则为重碱。

c. 闻酵法。即用鼻嗅兑碱后的酵面，有面香和酒香为正碱，有酸味的为缺碱，有碱味的则为重碱。

d. 尝酵法。即将小块兑碱酵面放在嘴里尝味，如无酸无碱味则为正碱，有酸味为缺碱，有碱味则为重碱。

e. 抓酵法。即抓住兑碱后的酵面用手拉或揉，若筋性适中、不粘手为正碱，粘手、无良好韧性和筋性为缺碱，筋性大、韧性强则为重碱。

f. 蒸酵法。即将兑碱调匀的酵面取一小块放入笼中用旺火蒸熟后取出，如色白饱满为正碱。

g. 烙酵法。即取一小块酵面在烧热的平底锅上按一下，使锅内沾上一层面皮，如色白、无酸味为正碱。

h. 烤酵法。即取一小块酵面放在炉火上烤熟后取出，如色白、有香味为正碱。

以上这些都是中式面点师在实践中总结的经验方法，目前大部分餐饮企业已经使用 pH 试纸进行科学测定，只要面坯的 pH 值在 6.3 左右，兑碱操作肯定成功。而在面包工业中，食品工程师的碱量测定技术更是达到了完备的程度。

（3）面肥发酵面坯调制技术要领

1）熟悉酵种的性能。掌握酵种使用时的老嫩（酸度）程度，便于发面时根据制品的要求灵活控制各种原料的使用量。

2）合理选择酵面品种。根据面点成品的要求不同，所选用的酵面的种类也有不同。如制作一般的酵面品种，选用大酵面即可；而制作开花馒头，则应选用开花酵面。

3）面团要调匀调透。调制发酵面坯要揉匀成光滑的面坯。

4）控制面团饧发时间。要根据酵面的种类、成品的要求、气温的变化等来掌握发酵时间。

5）加碱量要准确。根据发酵面坯的老嫩程度、环境温度、品种要求灵活掌握加碱量。

技能操作

调制生物膨松面坯

一、操作准备

1. 原料

生物膨松面坯调制主要原料及参考配方见表 2–7。

表 2-7　生物膨松面坯调制主要原料及参考配方　g

原料	用量
面粉	500
酵母粉	5
无铝泡打粉	5
水（常温）	260
白糖	8

2. 设备与器具

工作台、压片机、电子秤、量杯。

二、操作步骤

准备原料→调制面坯

步骤 1　准备原料

把面粉称好倒在工作台上，酵母粉、无铝泡打粉、白糖称好，量杯量好水备用。

步骤 2　调制面坯

面粉加入无铝泡打粉开窝后，放入酵母粉、白糖，倒入液体原料搅拌均匀后，由内向外加入面粉搅拌，逐渐和成表面光滑、组织结构均匀的面坯。

三、操作要点

1. 掌握酵母与面粉的比例

酵母的用量以面粉用量的 1% 左右为宜。

2. 严格控制糖的用量

适量的糖可以为酵母菌的繁殖提供养分，促进面坯发酵。但糖的用量不能太多，因为糖的渗透压作用会使酵母细胞壁破裂，妨碍酵母繁殖，从而影响发酵。

3. 适当调节水与面粉的比例

含水量多的软面坯，产气性好，持气性差；含水量少的硬面坯，持气性好，产气性差。所以面与水的比例以 2∶1 为宜。

4. 根据气温采用合适的水温

和面时，水的温度对面坯的发酵影响很大，水温太低或太高都会影响面坯的发酵，所以冬季发酵面坯，可将水温适当提高，而夏天则应该使用凉水甚至冰水。

5. 根据气候调节环境温度

35 ℃是酵母菌发酵的理想温度。温度太低，酵母菌繁殖困难；温度太高，不仅会促使酶的活性加强，使面坯的持气性变差，而且有利于乳酸菌、醋酸菌的繁殖，使制品酸性加重。

6. 保证饧发时间

面坯饧发有两层含义，一是面坯初步调制完成后的静置饧发，二是面坯成型工艺完成后也需要在适当的温度和湿度条件下静置一段时间。实践中人们往往十分重视面坯初步调制完成后的饧发，而忽视成型工艺后的醒发，因此造成制品塌陷、色暗，出现死面块和萎缩的现象。

四、质量要求

松软饱满，气孔细密，弹性良好。

培训项目 2 生坯成型

培训单元 1 手 工 成 型

培训重点

1. 掌握擀、搓、卷、切的手工成型方法。
2. 掌握擀、搓、卷、切制成型的应用与技术要领。

知识要求

一、擀

擀制法是手工成型的一种方法，其作用与按制法相似，只是根据品种的性质和大小、形状不同，当按制法达不到成型要求时，就需借助于擀面杖，将制品生坯压延成要求的形状。

1. 擀制成型的方法

擀的成型方法分为制作中的擀制成型方法和定型时的擀制成型方法，又分大块的擀片和单个的擀皮，因而所用擀面杖的长短、大小、粗细及形状等都有所不同。

（1）制作中的擀制成型方法

1）擀大块、较硬的水调面坯，如面条、馄饨皮、萨其马等面点时，就要用较长的大擀面杖，要求擀面杖粗细一致、光滑笔直。

2）擀大块、较软的面团，如制作花卷、酥皮面点所用的发酵面坯、油酥面坯，擀大片时则需要用通心槌（大走槌），推擀出的面坯平整光滑，既省时又省力。

3）由于带馅面点的形状、特点不同，所用坯料的性质不同，以及擀皮前已经将面坯按制品要求揪成了小剂等原因，擀皮的工具通常较小而且形状差别也很大。

①擀饺子皮。因面坯较硬，且筋力和韧性较强，要求擀出的饺子皮周边较薄、中心略厚，圆而匀称，并且形似一个边缘兜回的碟子状，所以要用较细小的单手杖。

②擀蒸饺皮或锅贴皮。由于用烫面或半烫面，面团柔软劲小，通常用双手杖（橄榄杖）擀皮，双手双杖在一个或多个面剂上有节奏地匀速旋转，擀出的皮薄厚、大小一致，而且速度很快。

③擀烧卖皮。因烧卖皮的形状特殊，即皮子周边要有均匀的褶皱，因而要用烧卖槌（小通心槌）或橄榄杖。

（2）定型时的擀制成型方法

用擀的方法成型的面点多属饼类，如家常饼、脂油饼、三杖饼、薄饼类及带馅的肉饼、馅饼、各种酥皮饼类等。成型的擀制技术要求较高，不仅要擀得大小一致、薄厚均匀，而且还要根据制品的成型要求，圆要擀得周正，方要有棱有角。

2. 擀制成型的技术要领

（1）用长擀面杖擀面时双臂用力均匀，进行前后有规律的匀速运动，擀成的面坯薄厚一致。

（2）用烧卖槌（小通心槌）或橄榄杖擀皮技术难度较大，要领有：一是掌握正确的站立姿势和握槌手法，二是掌握擀皮的基本动作和节奏，三是会用适当的力度和旋转幅度调整皮的形状。

（3）在擀带馅品种时，手腕要灵活并有分寸感，用力要适当，上下左右推拉一致。

3. 擀制成型的特点和应用

擀是面点制作的基本技术动作之一。多数面点在制作过程中都离不开擀，如面条、花卷等需要擀片，酥皮面点也需擀片开酥，包子、水饺、烧卖等需要擀皮，尤其是各种饼类，是圆是方，是大是小，其最后成型都是用擀的方法来完成的。

二、搓

搓是基本的技术动作之一，也是比较常用的成型技法。如果手上功夫好，那么搓时可不用案板，直接在手上即可搓制成型。

1. 搓制成型的方法

搓的成型方法分为单手搓和双手搓两种，一般用于制作馒头、面包、麻花等。

（1）单手搓。如单手搓莜面时，把面剂压在右手掌根下，前后来回搓，最终成为粗细一致、不断条的半成品。

（2）双手搓。如下剂前的搓条、麻花搓条、部分面包成型前的搓条等都是用双手搓，双手从中间向两边来回搓，使其粗细均匀。

2. 搓制成型的技术要领

搓是体现手上功夫的技术性动作。无论是单手搓还是双手搓，手掌的着力点都要均匀、平衡，搓时要用手掌推搓，不要用手指。

3. 搓制成型的特点和应用

搓制可使面点光滑、圆润、没有裂纹，内部结构组织变得紧密、粗细一致。搓的成型方法在面点制作中应用很广，如饺子、包子、烧卖等下剂前的搓条，搓麻花，花色编包成型前的搓条，还有山西、内蒙古等地的风味面点如面鱼鱼等，都是用搓的方法成型。

三、卷

卷制法是面点成型中的重要方法之一，是在擀的基础上进行并与切连用的一种比较简单的成型方法，花色较多，它为各种成型提供了前提条件。

1. 卷制成型的方法

根据制品要求不同，卷制法又分为单卷法和双卷法两种。

（1）单卷法

单卷法是擀成面片抹油后，从一头卷向另一头，卷成圆筒状，下剂，根据成品要求成型，如图 2-15 所示。

（2）双卷法

双卷法分为双对卷和双反卷两种。

1）双对卷。面坯擀成面片抹油或加馅后，从两头向中间对卷，卷到中心为止，两边要卷得平衡，变为双卷条，接着双手从两端向中间并条，使双卷靠得更紧一些。翻个使条缝朝下，再用双手顺条，达到粗细均匀时切成段，竖起，整理成型，如图 2-16 所示。

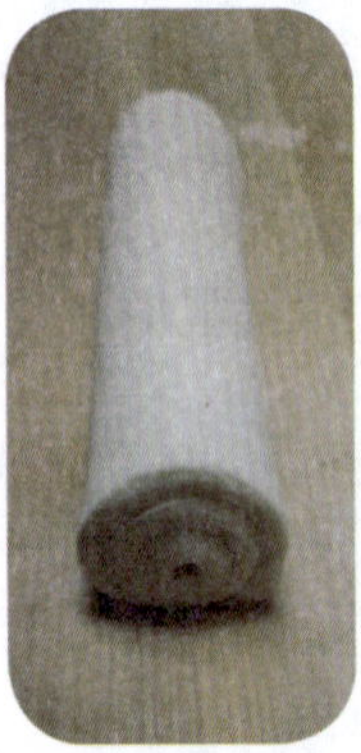

图 2-15　单卷法

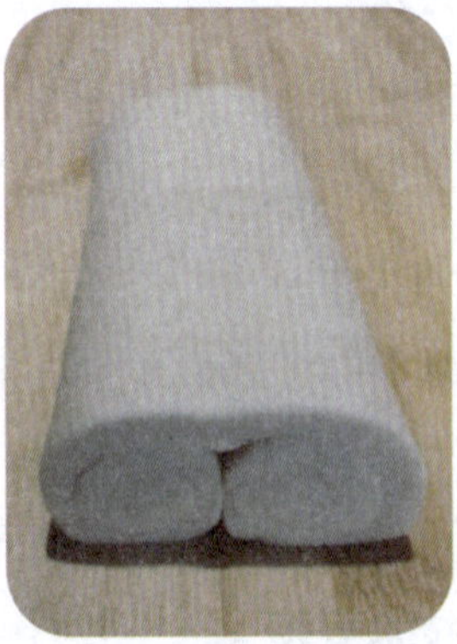

图 2-16　双对卷

2）双反卷。面坯擀成面片后，平铺于案板上，其中一半抹油或放馅，卷到中间翻身，另一半也抹油或放馅后再卷至中间，就成为一正一反的双卷条，切成段，竖起，整理成型，如图 2-17 所示。

图 2-17　双反卷

2. 卷制成型的技术要领

（1）面坯要擀得薄厚均匀，边角整齐。

（2）面坯刷油要均匀、适度，不可过多，如果铺馅料也不要太厚，而且边角要留有余地。

（3）卷时要松紧适度、粗细一致，双卷成型时，两个圆卷要均衡。

（4）单卷的收边要压在卷的底部，以防成熟时散开。

3. 卷制成型的特点和应用

卷制法是面点成型中的常用方法，各种花卷、蛋卷、酥点及凉点的制作都采用卷的方法。采用什么样的方法卷，要依据具体品种确定。

四、切

1. 切制成型的方法

（1）切制法是以刀为工具，将坯料分割开使其成型的方法。除去切剂和改刀成型外，最考验技术功力的是手工切面。

（2）常用切制方法的有刀切面和一些小型酥点的成型等。由于切制法的用处不同，行刀技巧也不尽相同，因此切制法的具体操作不能单一规定，需操作人员在日常工作中灵活掌握。

2. 切制成型的技术要领

（1）切制法成型时，握刀要稳，下刀要准，成型要均匀，不能出现连刀等现象。

（2）需用刀切成小块时，需落刀准、下刀快、收刀稳，以保证成品的棱角整齐。

3. 切制成型的特点和应用

切常与擀、卷、叠、压、揉、搓等成型手法连用。如生坯改刀，有面条、花卷、馒头、油条、排叉等；熟制后改刀，有蛋糕、发糕、凉点、大饼等。

技能操作

技能 1　擀制无馅生物膨松制品成型——贝壳夹生坯

贝壳夹是由荷叶夹演变而来的，是一种古老的中式面食，是经典的家常主食，常与扣肉、米粉肉等菜肴搭配上桌。贝壳夹营养丰富，味道鲜美，做法简单，将面剂擀成椭圆形后刷油成型，蒸熟即可，如图 2–18 所示。

图 2–18　贝壳夹

一、操作准备

1. 原料

贝壳夹生坯制作的主要原料及参考配方见表 2–8。

表 2–8　贝壳夹生坯制作的主要原料及参考配方　g

原料	用量
面粉	500
酵母粉	5
无铝泡打粉	5
水（常温）	260
色拉油	10

2. 设备与器具

工作台、电子秤、量杯、擀面杖、刀、油刷、油盆、不锈钢小盆。

二、操作步骤

准备原料→调制面坯→下剂擀制→刷油成型

步骤 1　准备原料

把面粉称好加入无铝泡打粉倒在工作台上开窝，称好酵母粉、色拉油，量杯量好水备用。

步骤 2 调制面坯

把酵母粉倒在窝中，再倒入液体原料，待酵母粉和无铝泡打粉搅拌均匀溶化后，从里向外加入面粉调制面坯，直至揉到面坯组织结构细腻光滑有韧性和延伸性。

步骤 3 下剂擀制

把和好的面坯搓成长条后下剂，剂口向上用花纹擀面杖逐个擀成椭圆形。

步骤 4 刷油成型

将擀好的带花纹的椭圆形面坯的反面均匀地刷上色拉油，然后将面坯对折起来，捏制成贝壳夹生坯。

贝壳夹生坯的制作过程如图 2–19 所示。

a)　b)　c)

图 2–19 贝壳夹生坯的制作过程

a）下剂擀制　b）刷油　c）成型

三、操作要点

1. 调制面坯时的液体原料要分次加入，面团要揉匀搓透。
2. 擀制时用力要均匀，厚薄要一致。
3. 刷油的时候油要少刷。收口时注意不要破坏纹路。

四、质量要求

色泽洁白、纹路清晰、质感暄软。

技能 2 擀制无馅生物膨松制品成型——黄油卷子生坯

黄油卷子又称羊肉索饼，是蒙古族的传统食品，如图 2–20 所示。传统的制法是将面团擀成薄片后，抹上熟羊油，后改为抹黄油，蘸以用鲜羊肉制成的臊子食用。其黄油味浓郁，羊肉臊子鲜肥油嫩，具有草原民族特色。现在大部分人不太能接受羊油的味道，大部分餐馆改为全部用黄油制作。

图 2–20　黄油卷子

一、操作准备

1. 原料

黄油卷子生坯制作主要原料及参考配方见表 2–9。

表 2–9　黄油卷子生坯制作主要原料及参考配方　g

原料	用量
面粉	500
水（常温）	260
黄油	80
酵母粉	5

2. 设备与器具

工作台、电子秤、量杯、擀面杖、刀、油刷、油盆。

二、操作步骤

准备原料→调制面坯→擀制刷油→卷制生坯→切制成型

步骤 1　准备原料

把面粉称好倒在工作台上，酵母粉和黄油分别称好，量杯量好水。

步骤 2　调制面坯

面粉中分次加入液体原料、酵母粉，和成较软的面坯，揉光滑后静置饧发。

步骤 3　擀制刷油

将饧好的面坯擀成厚约 0.2 cm 的面片，将化好的黄油用油刷均匀涂抹在上面。

步骤 4 卷制生坯

将涂好油的面片由上至下卷起，抻长按扁。

步骤 5 切制成型

将卷好的面坯切成宽 1 cm 的长条即成黄油卷子生坯。

黄油卷子生坯的制作过程如图 2–21 所示。

a) b) c)

图 2–21 黄油卷子生坯的制作过程

a）调制面坯 b）擀制刷油 c）切制成型

三、操作要点

1. 和面用水要依面粉质量准确掌握，面坯宜软不宜硬。因面团较软，擀片成型时要注意适当撒干面粉，防止粘案。

2. 擀制的面坯要薄而匀称，刷油要均匀，不宜太多，切条要粗细一致。

四、质量要求

色泽微黄，薄而柔韧，黄油味浓郁，口齿留香。

技能 3 搓制无馅生物膨松制品成型——软麻花生坯

麻花是我国一种流传久远的特色油炸食品，主要产地有天津、山西稷山、陕西咸阳、湖北崇阳、浙江杭州等，口味有甜、咸之分，质感有膨松、爽脆之分，色泽诱人，做主食和零食都可以，如图 2–22 所示。

一、操作准备

1. 原料

软麻花生坯制作主要原料及参考配方见表 2–10。

图 2–22　麻花

表 2–10　软麻花生坯制作主要原料及参考配方　g

原料	用量
面粉	500
水（常温）	220
酵母粉	6
无铝泡打粉	6
白糖	80
色拉油	50
鸡蛋	60
奶粉	50

2. 设备与器具

工作台、电子秤、量杯、不锈钢小盆、保鲜膜。

二、操作步骤

准备原料→调制面坯→下剂搓条→生坯成型

步骤 1　准备原料

把面粉称好倒在工作台上，其他原料分别称好，鸡蛋放在不锈钢小盆中打散，量杯量好水备用。

步骤 2　调制面坯

将面粉、无铝泡打粉混匀放在工作台上，中间开窝放入酵母粉、白糖、奶粉、色拉油、鸡蛋液、水，搅拌均匀至白糖溶化，由里向外加入面粉调制成组织结构细腻光滑、有韧性和延伸性的面坯，用保鲜膜包好静置饧发 1 h。

步骤 3　下剂搓条

将饧好的面坯搓成均匀的长条，揪成 50 g 一个的剂子，再逐个刷色拉油，用保鲜膜包好再次醒发 20 min。

步骤 4　生坯成型

将醒发好的面剂用双手搓成长条，提起拧成麻花生坯。

软麻花生坯的制作过程如图 2–23 所示。

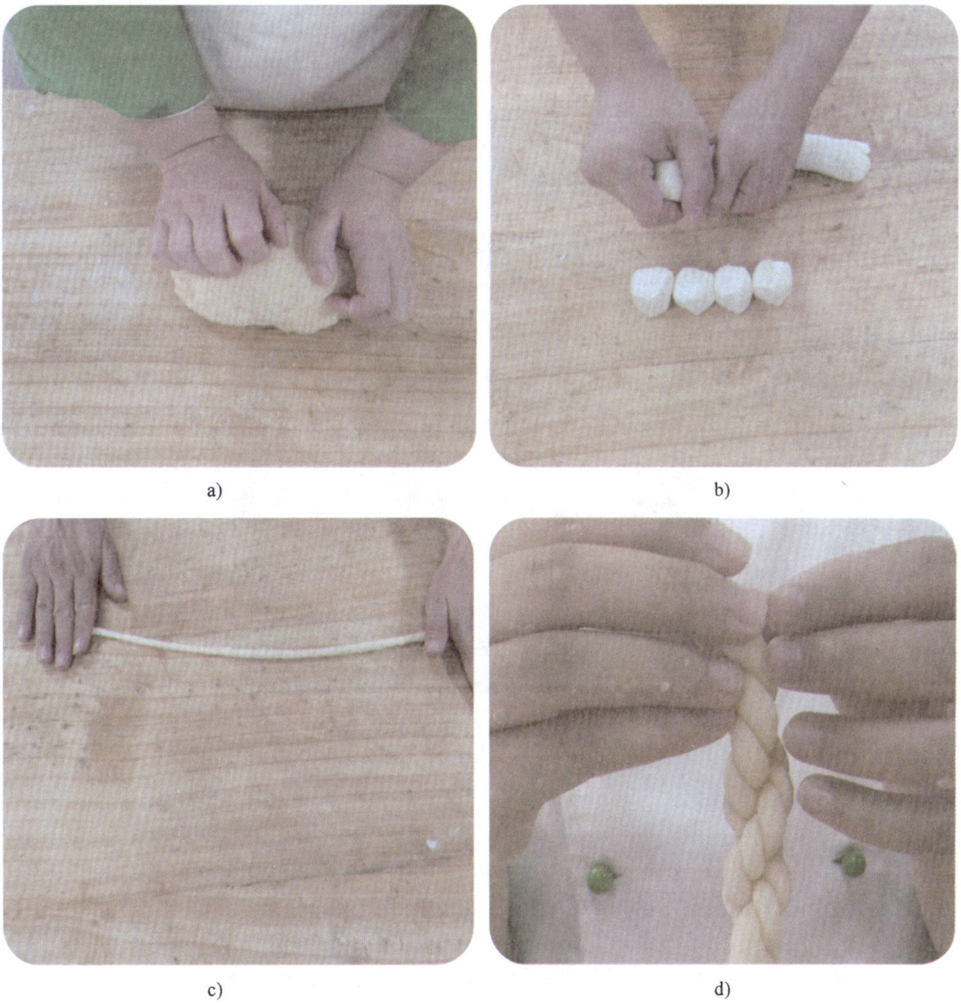

a)　b)　c)　d)

图 2–23　软麻花生坯的制作过程

a）调制面坯　b）下剂　c）搓条　d）生坯成型

三、操作要点

1. 调制面坯时的液体原料要分次加入，面坯要揉匀搓透。

2. 调制好的面坯要静置饧发足够的时间。

3. 搓条时双手用力要均匀，搓成的面坯组织结构致密，无气泡、空洞。

四、质量要求

粗细长短一致，条直花匀。

技能 4　卷制无馅生物膨松制品成型——蝴蝶卷生坯

蝴蝶卷是花卷的一种表现方式，是生物膨松制品中的一大类，花卷中的各种形态都源于生活和自然，蝴蝶卷因其形态似翩翩起舞的蝴蝶而得名，会给日常饮食或者宴会增添许多食趣，如图 2–24 所示。

图 2–24　蝴蝶卷

一、操作准备

1. 原料

蝴蝶卷生坯制作主要原料及参考配方见表 2–11。

表 2–11　蝴蝶卷生坯制作主要原料及参考配方　　g

原料	用量
面粉	500
水（常温）	260

续表

原料	用量
白糖	50
酵母粉	5
无铝泡打粉	5
色拉油	10
可可粉	10

2. 设备与器具

工作台、电子秤、量杯、油刷、油盆、不锈钢盆、保鲜膜。

二、操作步骤

准备原料→调制面坯→叠制→卷制→切剂→成型

步骤 1　准备原料

把面粉称好倒在不锈钢盆中，其他原料称好，量杯量好水。

步骤 2　调制面坯

白色面坯：取一半面粉加入无铝泡打粉开窝后，放入酵母粉、白糖和水，搅至全部溶化后拌入面粉，和成面坯。

可可色面坯：将另一半面粉加入可可粉、无铝泡打粉开窝，放入酵母粉、白糖和水，搅至全部溶化后拌入面粉，制成可可色面坯。

步骤 3　叠制

将白色面坯擀成 0.3 cm 厚的长方片，向上的一面抹水。可可色面坯也擀成 0.3 cm 厚的长方片，叠在白色面坯上。

步骤 4　卷制

在叠好的面皮上用油刷均匀刷上一层色拉油，再撒上一层干面粉，由上至下卷成直径为 3 cm 的条。

步骤 5　切剂

将卷好的面卷用快刀切成 2 cm 厚的段。

步骤 6　成型

每两段卷口处相对并在一起，用筷子在每一对的下 1/3 处夹一下，使上部自然张开并使接口处的两片略长出，恰似两根蝴蝶须，逐个做完即成蝴蝶卷生坯。

蝴蝶卷生坯的制作过程如图 2–25 所示。

a)

b)

c)

d)

图 2-25　蝴蝶卷生坯的制作过程

a）叠制　b）卷制　c）切剂　d）成型

三、操作要点

1. 面坯不宜过软，具体用水量要依面粉质量而定，水温也应依环境温度灵活调整。

2. 掌握好面团的发酵程度；卷好的面坯要紧致，便于成型。

3. 为使成熟后的蝴蝶卷不致两半分离，在每两段相接处抹一些清水，以保证形态完整。

四、质量要求

色彩分明，形似蝴蝶，层次清晰。

技能 5 切制无馅生物膨松制品成型——刀切馒头生坯

馒头又称为馍，是我国汉族传统面食之一，是用面粉发酵蒸成的食品。馒头松软可口，营养丰富，是餐桌上必不可少的主食之一。中国幅员辽阔，民族众多，各地口味不同，馒头的做法各异，由此发展出了各式各样的馒头。刀切馒头如图 2–26 所示。

图 2–26 刀切馒头

一、操作准备

1. 原料

刀切馒头生坯制作主要原料及参考配方见表 2–12。

表 2–12 刀切馒头生坯制作主要原料及参考配方 g

原料	用量
面粉	400
水（60 ℃左右）	230
酵母粉	5
无铝泡打粉	5
白糖	20

2. 设备与器具

工作台、电子秤、量杯、保鲜膜、擀面杖、刀。

二、操作步骤

准备原料→调制面坯→切制成型

步骤 1　准备原料

把面粉、无铝泡打粉称好并混合均匀后倒在工作台上，其他原料称好，量杯量好水备用。

步骤 2　调制面坯

将面粉开窝，放入酵母粉、白糖，倒入水，至酵母粉、白糖搅拌均匀并溶化，加入面粉揉搓，直至揉到面坯组织结构细腻光滑、有韧性和延伸性，用保鲜膜包好静置饧发 20 min。

步骤 3　切制成型

将饧发好的面坯擀成长方形面坯，卷成接口向下的长条状，用刀切成长方形面剂即成刀切馒头生坯。

刀切馒头生坯的制作过程如图 2-27 所示。

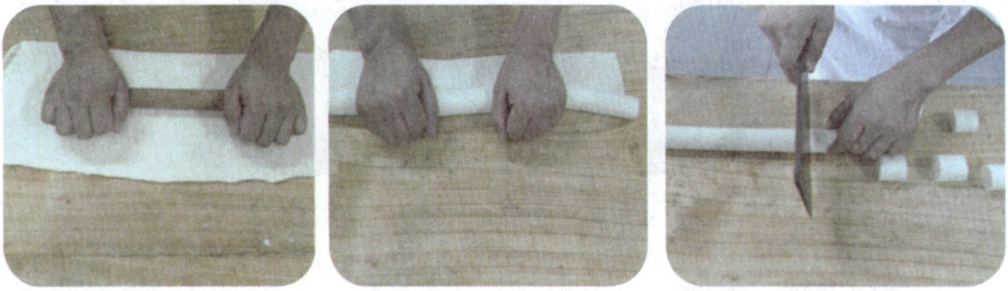

a)　　b)　　c)

图 2-27　刀切馒头生坯的制作过程

a）擀制面坯　b）卷成条形　c）切制成型

三、操作要点

1. 调制面坯的水要分次加入，面坯要揉匀搓透。
2. 擀制时用力要均匀，对角擀成长方形，厚薄要一致。
3. 切的时候底部要朝下，造型才会美观。
4. 切的条要粗细一致，刀刀利落，不可连刀。

四、质量要求

大小一致，规格统一，色泽洁白。

培训单元 2 模具成型

培训重点

1. 熟悉成型模具的种类及成型方法。
2. 掌握模具成型的技术要领。

知识要求

一、成型模具的种类及使用方法

由于各种品种的成型要求不同，模具大致分为印模、套模、盒模、内模四类。

1. 印模

印模又称“板模”，是将成品的形态刻在木板上或者塑料上，然后将加工好的面坯放入印模内，按压结实无缝隙，用磕或者推的方法使之形成图、形一致的半成品或者成品。这种印模的图案花样、形状很多，如月饼模具、桃酥模具、水晶饼模具等，如图 2–28 所示。成型时一般常与包的技法连用，并且配合按的手法进行。

a)　　　　b)

图 2–28 印模

a）木质月饼模具 b）塑料月饼模具

2. 套模

套模又称“套筒”，是用铜或不锈钢制作成各种平面图形的套筒，成型时用套筒将擀得平整的坯皮一一套刻出来，如图 2–29 所示。

3. 盒模

盒模是一种凹型模具，其容器形状、规格、花色很多，主要有长方形、圆形、梅花形、船形等，如图 2–30 所示。成型时将坯料放入模中，经过成熟便可形成规格一致、形态美观的成品。

图 2–29　套模

图 2–30　盒模

4. 内模

内模是用来支承成品、半成品外形的模具，规格、样式可随意创造或者特制，如图 2–31 所示。把面团缠绕在内模的外面，用蒸或者烤的方法成熟，然后脱模进行装饰。

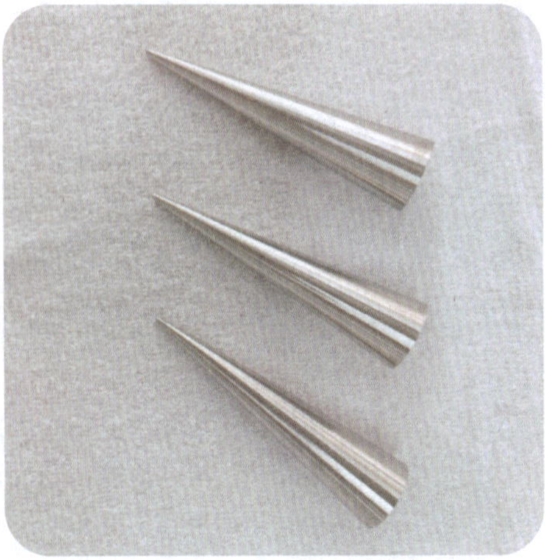

图 2–31　内模

二、模具成型的方法

模具成型的方法有三种：生坯成型法、加热成型法、熟制成型法。

1. 生坯成型法

生坯成型法就是将下好剂子的面坯包馅或者不包馅形成半成品，然后放入模具内成型后取出，再进行熟制，如月饼、凤梨酥、桃酥、蛋酥、杏仁酥、梅花酥等。

2. 加热成型法

加热成型法是将调好的坯料装入模具内，约八成满（给糕浆留有胀发余地），连同模具一起加热成熟，再脱模。它分为一次成型（如布丁、鲜奶棉花杯、主食面包等）和二次成型（如清酥奶油塔、水果塔等）两种。

3. 熟制成型法

熟制成型法是将粉料或者糕面先加热成熟，然后再入模压成型，脱模后可直接食用（如绿豆糕、芙蓉糕、玫瑰糕等）。

三、模具成型的技术要领

1. 生坯成型法要求准确计算出模具中填充原料的重量，要把模具填充结实，确保无空洞、无缝隙。

2. 加热成型法一般要求模具预先加热到 100 ℃以上，并刷些油，这样糕浆才不会粘模，糕浆盛八分满，给成熟留有胀发余地。

3. 熟制成型法要求成型时做到稳，力度要恰到好处。

四、模具成型的应用

1. 混酥类制品

这类制品不包馅，适合模具成型，可使制品规格一致，如混酥饼干等。

2. 浆皮类制品

这类制品大多数包馅，而且是重馅品种，皮薄馅大，用模具成型不仅可使制品规格一致、形态整齐划一，而且图案清晰，立体感强，只要包馅技术与入模脱扣掌握得当，就不会有碎烂露馅的现象。

3. 酵面类制品

用模具成型的酵面类制品多用民间寿模、礼模等，多使用略硬的硬酵面，用模具成型可防止走形。

技能操作

技能 1　模具成型无馅类生物膨松制品——寿字饼生坯

寿字饼以模具形状取名，常在寿宴宴席中使用，寓意吉祥，如图 2–32 所示。

图 2–32　寿字饼

一、操作准备

1. 原料

寿字饼生坯制作主要原料及参考配方见表 2–13。

表 2–13　寿字饼生坯制作主要原料及参考配方　g

原料	用量
面粉	400
水（常温）	220
白糖	25
无铝泡打粉	6
酵母粉	6

2. 设备与器具

工作台、电子秤、量杯、“寿”字模具、醒发箱、不锈钢小盆。

二、操作步骤

准备原料→调制面坯→搓条下剂→入模成型

步骤 1　准备原料

将面粉、无铝泡打粉称好并混合均匀后倒在工作台上，其他原料称好放在不锈钢小盆内，量杯量好水备用。

步骤 2　调制面坯

在面粉中间开窝放入酵母粉、白糖，加入水把酵母粉和白糖搅拌均匀至溶化，加入面粉揉搓，直至揉到面团组织结构细腻光滑，有韧性和延伸性。

步骤 3 搓条下剂

将面坯搓成粗细均匀的长条状，揪成合适大小的面剂，再逐个揉成光滑的圆形面剂。

步骤 4 入模成型

将揉圆的面剂光面向下放入模具中按平后脱模，逐个完成后码放在蒸盘中放入醒发箱，即成寿字饼生坯。

寿字饼生坯的制作过程如图 2–33 所示。

a) b)

图 2–33 寿字饼生坯的制作过程

a）搓条下剂 b）入模成型

三、操作要点

1. 白糖要搅拌至溶化，否则会有斑点。
2. 液体原料要慢慢加入，面坯要揉到饧发好。
3. 面剂入模后要按压结实，无缝隙。
4. 脱模后要轻拿轻放，避免影响花纹。

四、质量要求

形态完整，花纹清晰。

技能 2 模具成型无馅类生物膨松制品——象形花生包生坯

象形花生包为粗粮细作品种，成品色泽金黄、形象逼真、口味香甜，如图 2–34 所示。

图 2–34　象形花生包

一、操作准备

1. 原料

象形花生包生坯制作主要原料及参考配方见表 2–14。

表 2–14　象形花生包生坯制作主要原料及参考配方　　g

原料	用量
面粉	200
玉米粉	200
水（常温）	180
白糖	100
酵母粉	3
无铝泡打粉	3

2. 设备与器具

工作台、电子秤、量杯、花生模具、醒发箱、不锈钢小盆。

二、操作步骤

准备原料→调制面坯→搓条下剂→入模成型

步骤 1　准备原料

将面粉、玉米粉、无铝泡打粉称好并混合均匀后倒在工作台上，其他原料称好放在不锈钢小盆内，量杯量好水备用。

步骤 2　调制面坯

将面粉中间开窝放入酵母粉、白糖，倒入水把酵母粉和白糖搅拌均匀至溶化，加入面粉揉搓，直至揉到面团组织结构细腻光滑，有韧性和延展性。

步骤 3　搓条下剂

将面坯搓成长条状，揪成合适大小的面剂，逐个揉成光滑的圆形面剂。

步骤 4　入模成型

将圆形面剂剂口向上放入模具中按平后脱模，码放在蒸盘中放入醒发箱，即成象形花生包生坯。

象形花生包生坯的制作过程如图 2–35 所示。

a)　　b)　　c)

图 2–35　象形花生包生坯的制作过程

a）调制面坯　b）搓条下剂　c）入模成型

三、操作要点

1. 用料比例要准确。

2. 调制面坯的水要分次加入，面坯要揉匀搓透。

3. 将剂子放入模型中时要薄薄地裹一层干面粉，以便于取出。

四、质量要求

形态逼真，花纹清晰。

培训项目 3 产品成熟

培训单元 1　蒸制无馅类生物膨松制品

培训重点

1. 熟悉蒸制产品设备与器具的种类及使用方法。
2. 掌握蒸制方法的适用范围。
3. 掌握蒸制的技术要领。

知识要求

一、蒸制设备与器具

1. 蒸箱

蒸箱是现代烹饪设备，它是利用蒸汽传导热能，将食品直接蒸熟的一种设备，一般是由锅炉引接高压蒸汽或由电传热将浸在水中的管子烧热产生蒸汽使制品成熟的。蒸箱在烹饪过程中能最大限度地保留食物原有的营养成分。蒸箱的规格大小不一，有单门、双门、三门蒸箱。可根据生产量不同购买不同型号的蒸箱，如图 2-36 所示。

图 2-36　蒸箱

蒸箱的使用方法如图 2–37 所示。

①打开蒸箱开关

②上汽后，将产品放入蒸箱

③调控时间

④使用后关闭电源

图 2–37　蒸箱的使用方法

2. 蒸笼

用竹篾制成的蒸制食物用的蒸笼起源于汉代，是中国饮食文化的特色，是蒸制面点产品的重要设备，使用竹蒸笼能保持原汁原味，蒸汽水不倒流，制品色香味俱全，如图 2–38 所示。

图 2-38 蒸笼

3. 屉布

屉布是蒸制面点产品或其他食物时在蒸笼里放的一层布，也称笼布。材料有硅胶、纱布、棉布之分，如图 2-39 所示。

a)　　b)

图 2-39 屉布

a）硅胶屉布　b）纱布屉布

二、蒸制工艺

1. 蒸制的概念与适用范围

蒸是利用蒸汽作为传热介质，使制品生坯成熟的一种熟制方法，就是把成型的面点生坯或者半成品放入相应的蒸具中，采用不同的火力加热，使面点生坯或者半成品成熟。蒸制法的适用范围很广，除油酥、碱、盐面坯之外的面团都可以用蒸的方法成熟，如馒头、包子、烧卖、蒸饺、汤包、蒸糕等。

2. 蒸制的特点

（1）适用性强

蒸制法是面点制作中应用最广泛的熟制方法。蒸制法特别适用于酵母膨松面坯（如豆沙包）、米粉面坯（如椰蓉糯米糍）、水调面中的温水面坯（如花色蒸饺）、热水面坯（如月牙蒸饺）、物理膨松面坯制品（如蒸蛋糕）等。

（2）膨松柔软

在蒸制过程中，应保持较高的温度和较大的湿度，这样制品不仅不会出现失水、失重、炭化等现象，相反还能吸取一部分水分，膨润凝结，加上酵母和膨松剂的作用，大多数制品组织膨松、体积胀大、重量增加、富有弹性，冷却后形态美观，色泽光亮，口感柔软，鲜香味美。

（3）形态完整

这是蒸制法的显著特点。在蒸制中自生坯摆屉后，制品就不再移动，直至成熟下屉，所以成品可以保持完整形态。

（4）馅心鲜嫩

在蒸制过程中，由于面点中的馅心不直接接触热量，并且是在较高的温度下成熟的，因此馅心卤汁较多而不易挥发，这样馅心不但能保持鲜嫩，而且蒸制品也容易内外成熟一致。

3. 蒸制的方法

蒸锅加水→生坯摆屉→蒸制→下屉→成品。

4. 蒸制的技术要领

（1）掌握好醒发的温度、湿度和时间

温度过低，蒸制后胀发性差；温度过高，生坯的上部气孔过大，组织粗糙，影响质量。湿度太小，生坯表面容易开裂；湿度太大，表面容易结水，蒸制后容易产生斑点，影响美观。醒面时间过短，起不到醒面的作用；醒面时间过长，制品容易发酸。

（2）保持锅内水量

现在的蒸锅都是自动上水，不用考虑蒸锅中的水量。蒸锅中水少，蒸汽不足，生坯死板不膨松；蒸汽过大，水沸腾容易溅到制品表面，影响制品成熟效果。

（3）不同品种不能同屉蒸制

不同制品成熟时间不同，同屉蒸制会造成某些制品达不到质量标准；不同制品的配料滋味、气味有一定差异，同屉蒸制在加热熟制过程中由于蒸汽对流的作用会产生串味，使各制品味道不醇正。

（4）生坯摆放间距合适

摆屉前应先垫好屉布或其他可垫物，再将生坯摆入蒸屉。摆屉时，生坯间距合理，不能过疏或者过密，其间距要使生坯在蒸制过程中有充分的膨胀空间，以免粘在一起。

（5）掌握好蒸制的时间，做到一次成熟

蒸制时间不足，制品不熟；蒸制时间过长，制品会发黄、发黑、变实、坍塌，从而失去应有的色、香、味、形。“蒸食一口气”，这句行业俗语道出了蒸制的关键。也就是说，在蒸制过程中，蒸笼盖要盖紧，防止漏气，一般中途不宜掀动，以便保持温度均匀，这样才能使制品很好地成熟。

（6）等蒸锅中的水沸腾后再放制品

无论蒸制什么品种，首先都必须把水烧开，在蒸汽上升时，才能将制品放入蒸笼。水不开，制品容易塌陷，特别是加好碱的制品，还会出现走碱现象。

（7）及时清理蒸锅并且换水

每天下班前要清理蒸锅，把水换掉，避免水混浊而影响制品质量。

（8）成熟下屉

制品成熟后要及时下屉。下屉的制品要保持表皮光亮，造型美观，摆放整齐，不可乱压乱挤，馅制品要防止掉底漏汤。

技能操作

技能1　蒸制无馅类生物膨松制品——花卷

花卷是一种古老的中国面食，是很经典的家常主食，如图 2–40 所示。花卷可以做成椒盐、麻酱、葱油等各种口味，其营养丰富、味道鲜美、做法简单。

一、操作准备

1. 原料准备

花卷蒸制主要原料及参考配方见表 2–15。

图2-40　花卷

表2-15　花卷蒸制主要原料及参考配方　g

原料	用量
面粉	500
水（常温）	260
色拉油	20
酵母粉	5
无铝泡打粉	5
盐	10
白糖	20

2. 设备与器具

工作台、电子秤、量杯、擀面杖、刀、油刷、不锈钢小盆、屉布、蒸盘、醒发箱、蒸箱。

二、操作步骤

准备原料→调制面坯→加工成型→醒发熟制

步骤1　准备原料

将面粉、无铝泡打粉称好并混合均匀后倒在工作台上，酵母粉、白糖称好放在不锈钢小盆内，色拉油、盐称好分别放在另外的不锈钢小盆内，水量好备用。

步骤2　调制面坯

将面粉开窝，放入酵母粉、白糖，倒入水，待酵母粉和白糖溶化，加入面粉揉搓，逐渐加入剩余的水，直至揉到面团组织结构细腻光滑，有韧性和延展性。

步骤 3　加工成型

将揉好的面坯用擀面杖擀成长方形，表面抹上色拉油，撒上盐，自上而下从一头叠起来，切成宽为 3 cm 的面剂，用双手捏住面剂两端，拉扯开，按 S 形叠起来，再拉扯开，旋转一圈收口。

步骤 4　醒发熟制

逐个将面剂加工完，放在铺好屉布的蒸盘内，放入醒发箱内醒发，待底部出现蜂窝，放入蒸箱蒸制 10 min 左右。

花卷的制作过程如图 2–41 所示。

a)　b)　c)

图 2–41　花卷的制作过程

a）准备原料　b）加工　c）成型

三、操作要点

1. 调制面坯的液体原料要分次加入，面坯要揉匀搓透。
2. 擀制时用力要均匀，对角擀成长方形，厚薄要一致。
3. 叠时要尽可能紧致，有一定的长度，造型才会美观。

四、质量要求

纹路美观，洁白松软，香甜可口。

技能 2　蒸制无馅类生物膨松制品——玉米面馒头

玉米面馒头是特色传统面食之一，由于地域差别，各地形状有所不同，经常被当作主食使用。玉米面馒头是用玉米面或杂粮面制作的，外形一般是上小下大中间空，呈圆锥状，如图 2–42 所示。

图 2-42　玉米面馒头

一、操作准备

1. 原料

玉米面馒头蒸制主要原料及参考配方见表 2-16。

表 2-16　玉米面馒头蒸制主要原料及参考配方　g

原料	用量
面粉	100
玉米粉	200
水	100
酵母粉	6
无铝泡打粉	6
白糖	50

2. 设备与器具

工作台、电子秤、量杯、油刷、油盆、醒发箱、蒸屉、蒸箱。

二、操作步骤

准备原料→调制面坯→搓条下剂→加工成型→成熟

步骤 1　准备原料

把所有原料称好，量杯量好水备用。

步骤 2　调制面坯

将玉米粉、面粉、无铝泡打粉混匀放在工作台上，中间开窝放入酵母粉、白糖，倒入水，把酵母粉、白糖搅拌均匀至溶化，加入面粉揉搓，揉到面团光滑。

步骤 3　搓条下剂

将面坯搓成均匀的长条，揪成 20 g 一个的面剂。

步骤 4　加工成型

逐个把面剂揉捏成表面光滑的圆锥形，码放在蒸屉上放入醒发箱醒发。

步骤 5　成熟

将醒发好的玉米面馒头生坯放入水已经烧开的蒸箱中，蒸制 10 min 取出。

玉米面馒头的制作过程如图 2-43 所示。

a)　　b)　　c)

图 2-43　玉米面馒头的制作过程

a）调制面坯　b）搓条下剂　c）加工成型

三、操作要点

1. 调制面坯时水要分次加入，面坯要揉匀搓透。

2. 揉制成型时，成品表面要光滑。

四、质量要求

色泽淡黄，口味香甜细腻，规格统一，营养丰富。

培训单元 2　烤制无馅类生物膨松制品

培训重点

1. 熟悉烤制设备与器具的使用方法。

2. 掌握烤制产品的适用范围及特点。

3. 掌握烤制的方法与技术要领。

知识要求

一、烤制设备与器具

1. 烤箱

烤箱又称烤炉，是利用热能对面点生坯进行加热，使面点生坯发生一系列物理和化学变化，成为色、香、味俱佳的熟品的设备。烤箱的种类很多，按烤箱的热源分类，可分为煤气烤炉、液化石油气烤炉、管道天然气烤炉、电热丝烤炉等，其中使用最广泛的是电热丝烤炉，通常称为电烤箱。电烤箱具有结构紧凑、占地面积小、操作方便、便于控制、生产效率高、焙烤质量好等优点。目前国内各宾馆、酒店使用的通常有单层、双层和三层组合式电烤箱，如图 2–44 所示。电烤箱每一层都是一个独立的工作单元，分上火和下火两部分，由外壳、电炉丝（远红外线管）、热能控制开关、炉膛温度指示器、耐热玻璃观察窗、耐热灯管等构件组成。功能多的电烤箱还附加喷水蒸气设备、定时器、报警器等。在焙烤食品时，一般要将烤炉上、下火打开预热到炉内温度适宜时，再将成型的食品放入焙烤。

图 2–44 电烤箱

（1）使用方法

烤箱的使用方法如图 2–45 所示。

①打开电源，开启烤箱开关

②调节上下火控温器到所需温度位置

③达到所需温度放入烤制的产品

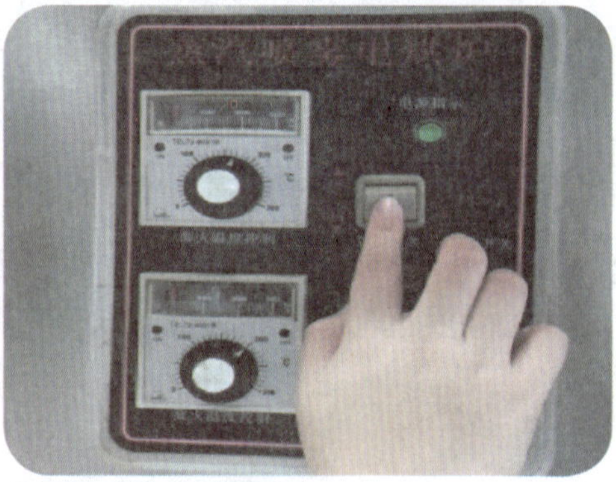

④使用完关闭电源开关

图 2–45　烤箱的使用方法

（2）注意事项

1）烤箱需要提前开启预热。

2）根据产品需要调控温度。

3）根据产品需要把控烤制时间。

4）关闭电源，等烤箱降温后再打扫卫生，以免烫伤。

2. 万能蒸烤箱

万能蒸烤箱是近年来常用的集烤、蒸烤、蒸汽微波、烟熏、煮、烧烤等功能于一体的新型加热设备。它充分利用强风循环的优点，在短时间内可以烹调出大量食物。万能蒸烤箱设有双层隔热、宽敞明亮的玻璃视窗及照明设施，箱膛加深加宽，适合各种不同尺寸的烤盘，并且使用能够探测食品中心温度的探针，以随时掌握食品中心温度，保证烹制的食品色、香、味俱全，如图 2–46 所示。

图 2-46 万能蒸烤箱

（1）优势

1）节省空间。万能蒸烤箱能够代替普通烤箱、炉具、煮锅或烧烤架等传统烹饪设备，只需 1 m^2 的面积，大大节省了后厨用地，能使前厅的用餐面积最大化。

2）操作简单。万能蒸烤箱有各种模式，在不同的模式下，选择所需的温度、时间，能快速高效地完成烹饪。

3）易清洗。万能蒸烤箱采用不锈钢内胆，无铆接，易清洁，平时的清洁工作就是简单的一喷一擦一洗。

4）卫生安全，节能环保。万能蒸烤箱不仅能保证后厨的卫生安全，而且与传统设备相比可节省高达 60% 的能源，烹制食物时也无油烟，非常环保。

万能蒸烤箱这类新型设备的使用是一个趋势，越来越多的餐饮企业开始引进这种设备，烹饪更多有风味、更健康的菜肴。

（2）使用注意事项

1）当电源线或其他附件和部件受损时，应停止使用，由专业维修人员来维修更换。

2）供电设施必须适用于产品铭牌上指定的最大功率，且电源插座必须有常规的接地线。

3）更换照明灯泡或清洗前及长期不使用时，一定要关闭电源。

4）使用后，应确保所有控制键处于“关闭”位置。

5）所有程序运行期间，应保持烤箱门处于关闭状态。

6）不能使用蒸汽或高压装置清洁烤箱。

7）应按说明书要求清洁烤箱内胆、外部及玻璃门板，需使用中性清洁剂和软布，烤箱附件可以在洗碗机内安全清洗。

3. 烤盘车

烤盘车是专门放置烤盘的一种不锈钢车子，可以根据需要随意推动，方便实用，在餐饮业普遍使用，如图 2–47 所示。

图 2–47　烤盘车

4. 烤盘

烤盘是一种专门放置在烤箱内，用于摆放面点产品的盘子，有铁盘和不粘盘两种，如图 2–48 所示。

图 2–48　烤盘

5. 不粘烤布

不粘烤布目前使用非常普遍，可以反复多次使用，防粘、清洗方便，如图 2–49 所示。

6. 不粘垫

不粘垫为硅胶质地，使用方便，易于清洗，烤制产品时铺在产品下边，产品不易粘连，如图 2–50 所示。

图 2-49 不粘烤布

图 2-50 不粘垫

二、烤制工艺

1. 烤制的概念与适用范围

烤制是指把成型后的面点生坯或者半成品放入烤箱中，利用烤箱内的热传导、热辐射和对流的传热方式使制品成熟的一种熟制方法。适用于烘烤成熟的制品范围较广，主要有膨松面坯、油酥面坯，如面包、蛋糕、各种火烧、饼干、酥点等。

2. 烤制的特点

温度高、受热均匀，成品色泽鲜明、形态美观、口味多样，其质感外酥脆内松软，或者内外绵软、富有弹性、含水量少、存储时间长。

3. 烤制的方法

（1）烤制工艺流程

预热烤箱→放入生坯→烘烤成熟→冷却装饰。

（2）烤制操作步骤

1）调制面坯。根据制品的要求，调制合适的面坯或者面糊。

2）加工成型。将调制好的面坯按照制品要求制作成半成品生坯或者成品生坯。

3）烘烤成熟。把制作好的成品生坯或者半成品生坯放在烤盘上，放入提前预热好的烤箱内，掌握成熟时间准时出炉。

4. 烤制的技术要领

（1）控制烘烤温度

不同的面点制品有不同的烘烤温度，通常采用三种炉温进行烘烤。

1）微火低温。炉温为 110 ~ 170 ℃，温度较低，不会使制品的表面产生颜色的变化，适合烤制要求皮白或者保持原色的面点制品。

2）中火中温。炉温为 170～190 ℃，温度较高，加热后会使制品表面着色，适合烤制要求表面颜色较重、呈金黄色或黄褐色的面点制品。

3）强火高温。温度在 190 ℃以上，温度很高，对制品颜色影响较大，适合烤制要求表面颜色较深、呈枣红色或红褐色的面点制品。

（2）调节上下火控制炉温

下火亦称底火，指烤盘下部空间的炉温，对制品的传热方式主要是传导，通过烤盘将热量传递给制品。下火适当与否对制品的体积和质量有很大影响。下火有向上鼓动的作用，且热量传递快而强，所以下火主要决定制品的膨胀或松发程度。下火不易调节，过大，易造成制品底部焦煳、不松发；过小，易使制品塌陷，成熟缓慢，质量欠佳。上火亦称面火，指烤盘上部空间的炉温，上火主要通过辐射和对流传递热量，对制品起到定型、上色的作用。烘烤中若上火过大，易使制品过早定型，影响下火的向上鼓动作用，导致坯体膨胀不够且易造成制品表面上色过快，使制品外焦内生；上火过小，易使制品上色缓慢，烘烤时间延长，制品水分损失大，变得过于干硬、粗糙。不同品种对上、下火的要求不同。层酥制品要求以下火传导为主，下火大，上火小；浆皮类制品要求上火应略大于下火，炉温恒定；蛋糕类制品要求先下火大，后上火大，有利于蛋糕的膨胀、定型、上色。总之操作中应根据制品要求灵活掌握炉温，同时考虑烤箱的构造情况。

（3）确定烘烤时间

炉温与烘烤时间是相互影响、相互制约的。炉温低，烘烤时间长，则水分受长时间烘烤在淀粉糊化前已散失，影响糊化，导致黏结力不足，制品组织粗糙、干硬；炉温低，烘烤时间短，制品不容易成熟或者变形。炉温高，烘烤时间长，制品外煳内硬，甚至烤焦；炉温高，烘烤时间短，制品容易内嫩或不熟。因此在实际操作中，要根据面点制品的类型、馅心的种类、坯体的大小厚薄等，结合炉温来确定烘烤时间。一般情况下，制品体大坯厚，可适当降低炉温，延长烘烤时间；反之，提高炉温，缩短烘烤时间。

（4）控制箱内的湿度

烤箱内的湿度由烤制品水分蒸发形成。炉内湿度大，制品上色好，有光泽；炉内过于干燥，制品上色差并且无光泽，易粗糙。炉内湿度与炉内温度、炉门封闭情况、炉内烤制品数量、气候及季节等都有关系。满炉烘烤，生坯水分蒸发产生的汽体可以达到制品对炉内湿度的要求。若炉内湿度不足，可以在炉内放置有水的容器以增加水分。在实际烘烤过程中不要经常开启炉门，防止水分散失。

（5）合理安排生坯摆放间隙和数量

烤盘间距和生坯在烤盘内摆放的密度，对烘烤有直接的影响。生坯摆放总的原则是不能过稀也不能过密。过稀，不利于热能的充分利用；过密，影响制品生坯胀发胀大，甚至导致相互粘连，破坏造型。同时，制品摆放应整齐、疏密一致，否则会影响炉温平衡，导致生熟不一，影响质量。烤盘间距大或者生坯在烤盘内摆放得过于稀疏，易造成炉内湿度小，火力集中，使制品表面粗糙、灰暗甚至焦煳。靠近盘边，要摆得密些，当中要摆得稀疏些。

（6）及时出炉

烘烤成熟应及时出炉，避免水分散失导致制品发硬发干，影响质量。

技能操作

技能 1　烤制无馅类生物膨松制品——芝麻烧饼

烧饼有着久远的历史。胡饼是我国最早的烧饼。经过多年的改良与实践，芝麻烧饼现在已经成为中式面点的大众化小吃品种之一，全国各地制作方法各有特色。芝麻烧饼如图 2–51 所示。

图 2–51　芝麻烧饼

一、操作准备

1. 原料

芝麻烧饼烧制主要原料及参考配方见表 2-17。

表 2-17　芝麻烧饼烧制主要原料及参考配方　g

原料	用量
面粉	500
水（常温）	260
芝麻	300
芝麻酱	150
酱油	50
小茴香	15
花椒面	10
盐	10
酵母粉	3
小苏打	2

2. 设备与器具

工作台、电子秤、量杯、烤箱、饼铛、不锈钢小盆、油刷、饼铲、保鲜膜。

二、操作步骤

准备原料→ 调制面坯→加工成型→ 烤制成熟

步骤 1　准备原料

将称好的面粉、小苏打混合均匀后放在工作台上，芝麻酱、花椒面、小茴香、盐混合均匀放在不锈钢小盆内，酵母粉、水称量好备用。

步骤 2　调制面坯

面粉开窝加酵母，倒入水调制成面坯，用保鲜膜包好静置 20 min。

步骤 3　加工成型

将和好的面坯擀成长方形，均匀抹上调好的芝麻酱，从上往下卷起来，揪 25

个面剂，包成圆形后按扁，刷上酱油，粘上芝麻。

步骤 4 烤制成熟

将粘好芝麻的半成品放在饼铛上烙至两面淡黄色定型，再放入烤箱烤制成熟。

芝麻烧饼的制作过程如图 2-52 所示。

a) b) c) d)

图 2-52 芝麻烧饼的制作过程

a）擀制面坯 b）分割下剂 c）加工成型 d）烤制成熟

三、操作要点

1. 面团不能和得太软，太软则层次不好。
2. 半成品摆放要留有一定的间隙，保证制品形态完整。
3. 烤制时温度要高。

四、质量要求

层次分明、大小薄厚一致、香酥可口。

技能 2 烤制无馅类生物膨松制品——墩饽饽

墩饽饽是面食制品的一种，但它不属于饽饽糕点，而是北京小吃的一个品种。除墩饽饽外，称饽饽的面点种类很多，如硬面饽饽等。墩饽饽颜色白黄，味道甜润，质地松软且富有弹性，耐嚼有味。墩饽饽宜凉吃，所以烤熟后要晾凉，最好放在木箱中闷软。墩饽饽形态美观，口感香甜，如图 2-53 所示。

一、操作准备

1. 原料

墩饽饽烤制主要原料及参考配方见表 2-18。

图 2–53　墩饽饽

表 2–18　墩饽饽烤制主要原料及参考配方　　g

原料	用量
面粉	1 000
面肥	1 000
水（80 ℃以上）	350
白糖	200
无铝泡打粉	5
小苏打	10
糖桂花	20

2. 设备与器具

工作台、电子秤、量杯、烤箱、烤盘、不锈钢小盆、保鲜膜。

二、操作步骤

准备原料→调制面坯→搓条下剂→成型成熟

步骤 1　准备原料

将称好的面粉、无铝泡打粉、小苏打混合均匀放在工作台上，白糖、糖桂花、面肥、水称量好备用。

步骤 2　调制面坯

面粉开窝放入白糖、糖桂花、水、面肥混合均匀，由里向外将面粉混合调制，揉搓成光滑的面坯，用保鲜膜包好静置饧发 20 min。

步骤 3 搓条下剂

将饧发好的面坯搓成粗细一致的长条，揪成 70 g 一个的小面剂，用保鲜膜盖好以防止干皮。

步骤 4 成型成熟

逐个把小面剂揉出光滑面，剂口向下压扁戳上红点，入烤箱 200 ℃烤制 10 min。

墩饽饽的制作过程如图 2–54 所示。

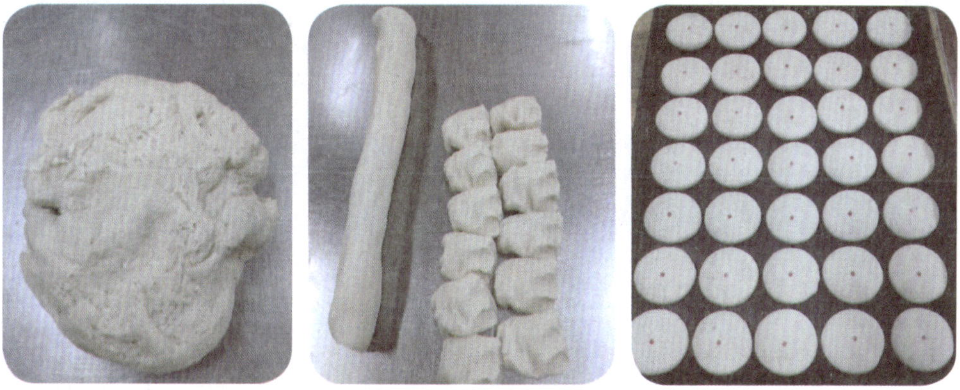

a)　　b)　　c)

图 2–54 墩饽饽的制作过程

a）调制面坯　b）搓条下剂　c）成型成熟

三、操作要点

1. 面团要揉滋润，揉透。

2. 成品规格一致。

四、质量要求

色泽金黄、香味浓郁，有嚼劲。

培训模块三

米制品制作

内容结构图

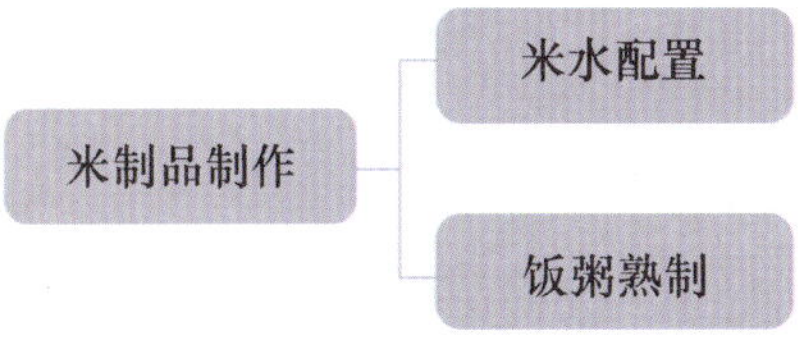

培训项目 1 米水配置

培训重点

1. 熟悉稻米的化学组成及性质。
2. 熟悉稻米的种类与质量。
3. 掌握饭粥的米水配置。

知识要求

一、稻谷的结构

稻谷属禾本科植物，原产于印度及我国南部，现世界各地广有栽培，是我国的主要粮食作物之一。稻谷的主要产区集中在长江流域的四川、湖南、江苏、湖北和珠江流域的广东以及海南等省。

稻谷由稻壳、稻粒两部分组成。稻壳的主要成分是纤维素，不能被人体消化，加工时要去掉。去掉稻壳后的稻粒是糙米，糙米由皮层、糊粉层、胚和胚乳四部分组成。稻谷的结构如图 3–1 所示。

1. 皮层

皮层是糙米的最外层，主要由纤维素、半纤维素和果胶构成。它影响大米的口味且不易被人体消化，要经过碾轧除掉。

2. 糊粉层

糊粉层位于皮层之下，是胚乳的最外层组织。糊粉层虽然不厚，但集中了大米的许多主要营养成分，如蛋白质、脂肪、维生素、矿物质等。

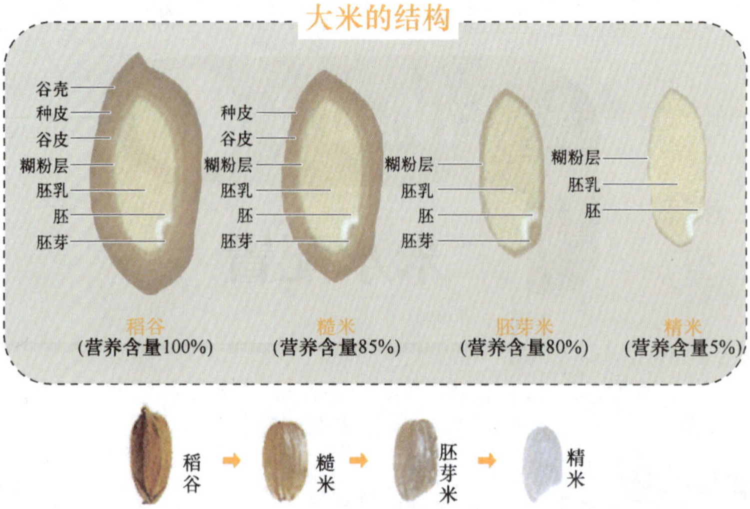

图 3–1　稻谷的结构

3. 胚

胚位于米粒腹白的下部，含有较多的营养成分，还含有一些酶类。胚部的生命活性较强，储存时不稳定，大米的霉变往往先从胚部开始。

4. 胚乳

糙米除去皮层、糊粉层、胚以外，其余部分为胚乳，约占米粒总重量的91.6%，是主要可食部分，储藏发芽后供给芽与根养分，营养成分主要是淀粉。

二、稻米的化学组成与性质

稻米主要是由淀粉、蛋白质、脂肪、维生素、矿物质和纤维素组成的。淀粉和蛋白质是稻米的主要化学成分，其中淀粉含量高达 80% 左右，蛋白质占 8% 左右，脂肪、维生素、矿物质、纤维素含量都很低。

1. 淀粉

淀粉主要存在于稻米的胚乳中。稻米中的淀粉通常称为大米淀粉，淀粉在大米中以淀粉颗粒的方式存在，大米不同，淀粉颗粒的大小也不同，一般糯米淀粉颗粒比籼米、粳米的大。

2. 蛋白质

蛋白质主要存在于稻米的糊粉层中，因品种、产地、生长发育的不同，蛋白质含量也不同，占 8% ~ 13%。稻米中蛋白质含量直接影响做饭时米粒的吸水性。蛋白质含量越高，米粒结构越紧密，淀粉颗粒之间空隙小，吸水速度慢，吸水量少，米饭蒸煮时间长，同时，因为淀粉不能充分完全糊化，所以米饭黏度低，颗粒松散。因此蛋白质含量高，米饭较硬。

3. 其他成分

（1）纤维素主要存在于稻米的皮层中，不容易被人体消化吸收，并且影响大米的食味，通常在磨制时要去掉。

（2）少量维生素、脂肪、矿物质存在于稻米的糊粉层中，含量少，影响大米的营养。

三、稻米的种类与特点

糙米碾去皮层后称为稻米，俗称大米。稻米按米粒内所含淀粉的性质分为籼米、粳米和糯米。

1. 籼米

籼米又称南米、机米，如图 3–2 所示，其特点是硬度适中，黏性最小，胀发性最大；米粒色泽灰白，呈细长形，大都为半透明，也有透明或不透明的，口感干而粗糙。产地以广东、湖南、四川等省为主。

籼米通常用来制作干饭、稀粥。磨成粉后可制作米糕、米粉等食品。用籼米粉调成的粉团质硬，可供发酵使用。

2. 粳米

粳米又称圆粒大米，如图 3–3 所示，其特点是硬度最高而有韧性，黏性中等，胀发性中等；米粒丰满呈短圆形，色泽蜡白，透明或半透明。产地以东北、华北、江苏等地为主。

粳米通常用于制作干饭和稀饭，也可磨成粉后制作点心，但一般多与糯米粉掺和使用，用于制作各种糕团等。由于纯粳米粉调制的粉团具有黏性，一般不作发酵使用。

3. 糯米

糯米又称江米，其特点是硬度最低，黏性最大，胀发性最小，色泽乳白不透明，但熟制后有半透明感，主要产于江苏南部、浙江等地。

图 3–2 籼米

a)　　b)

图3-3　粳米

a）长粒粳米　b）椭圆形粳米

糯米又分为籼糯（长粒糯米）和粳糯（圆粒糯米）两种，如图3-4所示。籼糯米粒细长，黏性较差、米质硬、不易煮烂，产地以常熟、江阴、溧阳等地为主；粳糯米粒阔扁、呈圆形，其黏性较大，品质较佳。

糯米除直接制作点心（如八宝饭、凉糕）外，还可磨成粉与其他米粉掺和使用，如制作苏式船点、汤圆、年糕等。糯米磨粉后调成的粉团黏性极强，一般不能用于制作发酵面坯。

a)　　b)

图3-4　糯米

a）籼糯　b）粳糯

4. 其他稻米

（1）黑米

黑米种植历史悠久，是中国古老而名贵的水稻品种，相传是在汉武帝时期由张骞最先在陕西洋县发现的。

黑米是由禾本科植物稻经长期培育形成的一类特色品种。粒型有籼、粳两种，粒质分糯性和非糯性两类。黑米呈黑色或黑褐色，营养丰富，食、药用价值高，除煮粥外还可以制作各种营养食品和酿酒，素有“黑珍珠”和“世界米中之王”的美誉。我国不少地方都有生产，如陕西、贵州、湖南等。最具代表性的陕西洋县黑米自古就有“药米”“贡米”“寿米”的美誉。

（2）香米

香米又称香禾米，西汉时已有种植，唐代被列入贡米，其香味除品种因素外，主要是由于土壤及地下水所含锌、锰、钛、钒、钴、锶等微量元素所致，因此不能异地种植。其主要品种有云南的“八宝香”、贵州的“香禾”、广东的“万家香”等。其主要特征是半透明、光滑油润、腹白小、香味奇特且有挥发性；蒸煮米饭时拌和少许，可使米饭柔软浓香、清香四溢，有补脾、健胃、清肺之功效，被誉为“粮中珍品”。目前，市场上以泰国香米较为有名。香米除作为主食外，主要用来煮各种粥，面点中常用于做各种米糕、面包等点心。

5. 我国优质稻米

（1）小站稻

小站稻原产于天津市津南区小站一带，现已发展到天津市郊区县和北京、河北省等广大地区。小站稻主要用于碾米做饭，营养十分丰富，是大米中的佳品。小站稻的特点是籽粒饱满，皮薄，油性大，米质好，出米率高，米粒呈椭圆形，晶莹透明，洁白如玉。做饭香软适口，煮粥清而不浊，解饥解渴。

（2）马坝油占米

马坝油占米产于广东省韶关市曲江区马坝镇。因谷形细长如猫牙齿，故又名猫牙占。猫牙占的特点是色、形、味俱佳而且早熟。“色”指谷粒色泽特别金黄，加工成大米后，光滑晶莹，表面油光发亮，无腹白；“形”指米粒体细而长，两头细尖；“味”指被煮成饭后，软滑凝香，味美可口。马坝油占米生长期只有75天，是水稻家族里的著名优良稻种。

（3）桃花米

桃花米产于四川省达州市宣汉县桃花乡。桃花米属带粳性的籼型稻米，品质精良。桃花米的特点是米粒形状细长、腹白小，色泽白中显青、晶莹发亮。煮出的饭黏性适度，胀性强，油性适中，米不断腰，绢丝光泽，香气横溢，口感滋润芳香，富有糯性。

（4）香粳稻

香粳稻产于我国长江以北一带，是水稻中的名贵品种。香粳稻的特点是色泽漂亮、腹白小、米质糯、适口性好、香味浓。用这种米做饭，清香扑鼻；煮粥，芳香四溢。香粳稻含有丰富的蛋白质、铁、钙，与桂圆、黑枣等同煮成粥，很适合隆冬腊月食补。

（5）玉林优质谷

玉林优质谷是广西玉林地区生产的优良稻谷的简称。玉林优质谷的特点是粒形细长，色泽如玉，米的腹白、心白在10%以下或者几乎不可见。煮出的饭糯性强、油分大，松软喷香。

（6）接骨米

接骨米是云南稀有的一种糯米，又称接骨糯。接骨米的特点是黏性强，已经断裂的米粒蒸熟后也能粘连成整粒。

（7）凤台仙大米

凤台仙大米产于河南省郑州市金水区凤凰台。凤台仙大米的特点是米粒大，蒸成干饭洁白玲珑；米质坚硬，熬粥煮饭米粒不碎；伏天吃剩下的饭，隔夜不坏，鲜味如初；味道馨香醇厚，吃后留有余香；出饭率高；油性大，营养丰富。

（8）万年贡米

万年贡米是江西省上饶市万年县特产，其因古时曾作为纳贡之米而得名。万年贡米的特点是粒大体长（有三粒寸之称），形状如梭，色白如玉，质软不腻，味道浓香，营养丰富。可煮饭、做粥，还可酿酒。

四、饭、粥的米水配置

1. 籼米与水的配置

煮饭时加水量：米：水 =1：（2.1～2.3）。

煮粥时加水量：米：水 =1：（12～15）。

风味：不黏、松散、较硬、无光泽，部分品种有香味。

适于制作：米粉、肠粉、萝卜糕等。

例如，籼米粥制作步骤如下。

（1）籼米 100 g 淘洗干净，用冷水浸泡 1 h，捞出，沥干水分。

（2）锅内加 1 200 ~ 1 500 g 冷水，将籼米放入，先用大火烧沸，再转文火煮至米烂成粥。

2. 粳米与水的配置

煮饭时加水量：米：水 =1：1.35。

煮粥时加水量：米：水 =1：13。

风味：较黏、具有弹性和光泽，少数品种有香味。

适于制作：粥、饭等。

例如，粳米粥制作步骤如下。

（1）粳米 100 g 淘洗干净，用冷水浸泡 1 h，捞出，沥干水分。

（2）锅内加约 1 300 g 冷水，将粳米放入，先用大火烧沸，再转文火煮至米烂成粥。

3. 糯米与水的配置

煮饭时加水量：米：水 =1：1.2。

煮粥时加水量：米：水 =1：10。

风味：湿黏且软，光泽佳。圆糯有甜味，长糯有清香味和较淡的甜味。

适于制作：长糯米黏性强，适合制作小枣、豆沙等甜粽子以及汤圆等；圆糯米黏性稍差，可制作酒酿、年糕、红龟粿或腊肉、蛋黄等咸粽子。

例如，糯米粥制作步骤如下。

（1）糯米 100 g 淘洗干净，用冷水浸泡 6 h 左右，捞出，沥干水分。

（2）锅内加约 1 000 g 冷水，将糯米放入，先用大火烧沸，再转文火煮至米烂成粥。

培训项目 2

饭粥熟制

培训重点

1. 掌握饭、粥的制作方法。

2. 掌握饭、粥的制作要点。

知识要求

一、饭、粥的概念

1. 米饭的概念

米饭是人们日常饮食中的主角之一，是用大米经蒸煮工艺做成的食物。现在人们多使用粳米制作米饭，约有 95% 的粳米做成米饭食用。制作好的米饭应一粒一粒完全煮熟，不得半生不熟，更不能烧焦。米粒要完全糊化，而且煮好后锅中的水分要完全被吸收，米粒柔软并且保留颗粒状，口感筋道。

2. 粥的概念

粥是一种用稻米、小米或玉米等原料煮制成的稠糊状食物。粥大致可分为四大类：一是白粥，除主料外不加其他原料；二是杂粮粥，制作最多；三是菜粥，南方苏浙沪地区食用较多；四是药粥，药食结合，能养生、调理和防病治病。

二、米饭制作方法与特点

1. 沥米饭

（1）做法

将米淘洗干净后沥水待用。按米与水约 1∶5 的比例加水，水烧开后，倒入淘净的米煮沸，待米粒膨胀、米汤色白时，立即捞起米饭，沥干米汤，装入蒸笼或蒸箱内用大火蒸熟即可。

（2）特点

沥米饭的饭质松散利口，但因大米经过先煮后捞再蒸，各种营养损失较多，因此，沥米饭应饮用米汤，不可弃之。

2. 盒蒸米饭

（1）做法

在整盒（或钵、碗、盘、盆）内放入淘洗干净的大米，米与水的比例约为1∶2，直接上蒸笼（或蒸箱）用大火蒸熟即可。

（2）特点

盒蒸米饭的饭质软硬适口，黏性较强，营养素保存率高于沥米饭。

3. 焖饭

（1）做法

1）开水下米法。在锅内加入大约2倍于米的水，烧开后将淘洗好的大米撒入锅中。撒米时，水要保持沸腾，不要搅动。如果水量适当，那么撒完米即可盖严锅盖（水量较多时可去掉一些米汤）。锅中沸腾水声不大时，即可撤大火，用余火焖熟米饭。

2）冷水下米法。将淘洗好的米放入冷水锅内，米与水的比例一般为1∶1.5，用旺火烧至沸腾后，用锅铲将米翻搅，待水快干时，盖严锅盖，撤大火，用余火焖熟米饭。

（2）特点

焖饭香味浓，质软、口感好。大米中的淀粉糊化较充分，有利于消化吸收，营养素保存率高，制作方便。但要掌握好水量与火候，防止过软、过硬、焦煳、夹生、串烟等现象。

4. 风味米饭

风味米饭是指在普通米饭的基础上再加工，或米、菜混制，或糯米与荤素配料、甜味配料烹制而成的一类米饭，也称花色米饭，如八宝饭、什锦饭、咖喱鸡饭、牛肉盖浇饭、竹筒饭等。应根据不同地方的特色和风味，选择不同的配料，制成丰富多彩的风味米饭。

三、米粥制作方法与特点

1. 白米粥

白米粥是用大米制作的一款大众食品，营养价值高，是补充营养素的基础食品，可以提供丰富的B族维生素，而且具有补中益气、健脾益胃、和五脏、通血脉、止渴、止泻的功效，如图3–5所示。

图3–5 白米粥

（1）制作方法

1）白米粥制作主要原料及参考配方见表3–1。

表3–1 白米粥制作主要原料及参考配方 g

原料	用量
大米	200
水（常温）	2 000

2）工艺流程。

①一般熬制法。锅中放入2 000 g水烧开，下入洗净的大米，用手勺由上至下搅拌，待再开时，改用小火慢慢熬制到米开花、米汤稠浓时即可。

②高压锅制作法。高压锅中放入水烧开后，加入洗净的米，加盖，待水再开冒汽时，加阀改小火煮10 min后，端下锅放一旁闷15 min，即可食用。

（2）特点

制作简单，易消化，有营养。

2. 风味鱼肉菜米粥

风味鱼肉菜米粥是一款清淡养胃的营养粥，在广东一带流行，鱼肉含有丰富的蛋白质，青菜中有丰富的维生素与矿物质，搭配多种辅料，既容易消化又可补充多种营养素，是大众喜欢的粥品，如图 3–6 所示。

图 3–6 风味鱼肉菜米粥

（1）制作方法

1）风味鱼肉菜米粥制作主要原料及参考配方见表 3–2。

表 3–2 风味鱼肉菜米粥制作主要原料及参考配方 g

原料	用量
大米	250
水（常温）	2 500
黄花鱼	300
嫩青菜	300
葱白	50
鲜姜	15
盐	15
香油	10
味精	2

2）工艺流程。

①将葱白去根洗净，切成细末。鲜姜刮去皮，洗净，切成细末。嫩青菜洗净，切成小段。

②将黄花鱼去鳞，去头和内脏，清洗干净，放在沸水锅中烫一下，捞出剔去骨刺，片成大片。

③将大米淘洗干净，放入锅中加入烫鱼的水，用大火煮开后改用小火熬煮。

④待粥汤黏稠时放入青菜段、去骨刺的鱼肉片、姜末和葱末，轻轻搅匀，盖上锅盖仍用小火煮，煮至青菜熟烂时加入盐、香油和味精，搅匀后即可停火，盛入碗内即可食用。

（2）特点

色泽翠绿，鲜香可口。

四、饭、粥制作要点

1. 制作米饭的要点

（1）淘米

大米中加入充足的水，轻轻搅拌，然后将上面的水倒掉，再添加水，淘洗 2 次。淘洗次数不可过多，浸泡时间不可太久，应迅速淘洗，这是因为淘米的方法对大米的营养成分有影响，尤其是反复淘米的时候，大米水溶性成分（维生素 B1）的损失较多。但水洗也有使米吸收水分的好处，可以使米吸收 10% ~ 15% 的水分。

（2）浸泡与吸水

因为淀粉糊化需要 30% 的水分，所以要让米粒吸收充足的水分，以利于加热时大米中的淀粉完全糊化。大米在水中浸泡 30 min 为宜。

（3）加水量

米饭煮好以后，米粒应该完全糊化，并将水分全部吸收，呈干饭的状态，所以加水量要恰到好处。口感好的米饭含水量约为 65%，即为大米重量的 2.3 倍，等于要添加大米重量的 1.3 倍的水。制作米饭过程中水蒸发量约为 20%，因锅的材质不同而稍有不同。

米饭的加水量计算方法可参考如下公式。

1）根据大米重量计算：

$$100\ \text{g} \times (1.3+0.2) = 150\ \text{g}$$

式中 0.2 为蒸发量

150 g 即加水量是大米重量的 1.5 倍

2）根据大米体积计算：

$$125\ \text{mL} \times (1.0+0.2) = 150\ \text{mL}$$

式中 0.2 为蒸发量

150 mL 即加水量是大米体积的 1.2 倍

由以上计算方法得出，可以按照“大米重量 1.5 倍、体积 1.2 倍”来制作米饭。淘洗大米有一些附着水（或吸水），但因为蒸发量很大，所以影响不大。

在进行体积测量时，会受积压因素的影响，所以相比较而言，根据大米重量计算的误差较小。

受米的干燥程度、种类、新陈等因素的影响，需要灵活掌握加水量。新米加水量一般为大米重量的 1.3 倍；陈米需要水量稍多，加水量一般为大米重量的 1.5 倍；糯米加水量稍少，一般新糯米加水量为米重的 35% ~ 40%，陈糯米约为 50%。

2. 煮制粥的要点

（1）选料

选用新米。新米胶质大，性黏，煮出来的粥液汁如乳，水米交融，味道甘香。陈年旧米煮出的粥则水米不易交融，口感发涩。淘净的新米最好用水泡过，让米粒充分吸收水分，煮出的粥又软又稠。绿豆、小豆、糯米、薏米、玉米等不易煮熟的原料，浸泡时间还要长一些。花样繁多的粥品中，除了米，还会添加很多原料，都需精挑细选。比如鱼片粥或鱼肠粥，宜选用鲩鱼；鱼嘴粥或鱼云粥，则应选用鳙鱼。

（2）水量

水量应一次加足。在煮粥之前，水量一定要掌握好，一次就把用水量放得适中，不要烧干了再加水。要使煮出的粥浓稠适宜，最重要的是掌握好水量，也可依据个人喜好和粥的品种加水。一般稠粥需要加入 5 ~ 7 倍于米的水，稀粥需要加入约 13 倍于米的水。

（3）火候

先大火后小火。初煮用大火，沸后改成小火，一直煮至水米交融。煮粥时最应该注意的是防止粥油溢出锅外。粥油，也称米油、粥汁，是粥反复煮沸而浮在粥上面的浓稠液体，营养丰富。

另外，煮粥时，宜将米粒与冷水一起放入锅中，让米粒充分吸收水分，煮出来的粥就会香软。否则，米粒较硬，粥也不稠。

（4）其他

1）原料加入顺序。慢熟的原料先放，易熟的原料后放，把所有原料煮熟煮透。比如，米和药材要先煮；蔬菜、水果最后下锅；海鲜类先氽烫；肉类浆拌淀粉后入锅，粥品清爽而不混浊；香菜、葱花、姜末等调味品起锅前撒入即可。

2）搅拌时机。旺火煮沸时，要用手勺不断搅拌，将米粒间的热气释放出来，避免米粒粘锅；小火慢煮时，需减少翻搅，防止将米粒搅散，使整锅粥过于浓稠。

3）加入果品。选用干果食品与米煮粥时，如加入花生、胡桃、黑芝麻、栗子等煮粥时，可以先将这类食品用粉碎机打碎，然后再和粳米一同煮粥，这样更容易消化吸收。也可直接用新鲜白果、莲子、芡实、菱角、百合、松子仁、红薯、芋头等同粳米一起煮粥。

4）加入蔬菜。选用新鲜蔬菜煮粥，如荠菜、青菜、菠菜、山药等，可先洗净，等米烂稍有胀发时加入。

5）加入中药。选用食用中药，如黄芪、何首乌、决明子、黄精、肉苁蓉、酸枣仁等煮粥，应先把这类食用中药煎取浓汁，去渣，然后再和粳米一同煮粥。

技能操作

技能1　制作米饭类——猪油夹沙八宝饭

猪油夹沙八宝饭是江浙一带的传统名点。它既是传统点心，也是喜庆寿筵必备佳品，最早只是取用8种果料加糯米饭蒸制而成，比较简单，如图3–7所示。

图3–7　猪油夹沙八宝饭

一、操作准备

1. 原料

猪油夹沙八宝饭制作主要原料及参考配方见表 3–3。

表 3–3　猪油夹沙八宝饭制作主要原料及参考配方　g

原料	用量
糯米	500
蜜枣片	10
桂圆肉	10
熟莲子	15
青红丝	10
葡萄干	30
小金橘	25
猪板油丁	25
瓜子仁	10
猪油	50
豆沙馅	150

2. 设备与器具

工作台、蒸箱、蒸盘、不粘油屉布、不锈钢盆、电子秤、油刷、油盆、小碗、保鲜膜。

二、操作步骤

蒸制米饭→处理半成品→装碗成型

步骤 1　蒸制米饭

将糯米洗净，放在容器中，加冷水浸 3 h 捞出，放入铺好不粘布的蒸盘中摊平，放入已经烧开的蒸箱中，蒸 30 min。

步骤 2　处理半成品

糯米饭倒入不锈钢盆中，加葡萄干、猪油拌均匀，分割成 6 等份；豆沙馅加入猪板油丁搅拌均匀，分割成 3 等份。

步骤 3　装碗成型

取一只小碗，用油刷涂上熟猪油，在碗底摆上熟莲子、桂圆肉、蜜枣片、青红丝、瓜子仁、小金橘，呈鲜艳美观的图样，取一份糯米饭放在碗里，然后取一份豆沙馅整理成圆形饼状，放在碗内，最后把一份糯米饭放在豆沙馅上面铺平，照此方法逐个做完晾凉后用保鲜膜封好，食用时再次上蒸箱蒸热，去掉保鲜膜后扣碗即可食用。

三、操作要点

1. 糯米要泡透，首次蒸制要软烂，不夹生。
2. 碗内刷油要均匀，防止粘碗导致扣碗后制品不完整。

四、质量要求

图形美观，软黏适口，甜而不腻。

技能 2　制作米饭类——腊味米饭

腊味米饭是一道简单的家常菜，原料简单，味道独特，如图 3–8 所示。

图 3–8　腊味米饭

一、操作准备

1. 原料

腊味米饭制作主要原料及参考配方见表 3–4。

表 3–4　腊味米饭制作主要原料及参考配方　　g

原料	用量
大米	250
腊肉	100
腊肠	100
虾米	30

续表

原料	用量
猪油	10
鸡蛋	50
香菇	10
葱	30
鸡油	10
盐	8
沸水	50

2. 设备与器具

工作台、煲仔灶、砂锅、电子秤、不锈钢盆、油刷、油盆、保鲜膜、木铲子、砂锅夹、砧板、菜刀、蒸箱、小笼屉。

二、操作步骤

淘米→处理半成品→熟制成型

步骤 1　淘米

将大米淘洗干净，在清水中浸泡 2 h，捞出沥干水分。

步骤 2　处理半成品

腊肉、腊肠均切片；虾米洗净，用水浸涨；鸡蛋打散，用文火摊成薄片再切粒；香菇浸开，去蒂洗净，切小块放在小笼屉内入蒸箱蒸熟；葱洗净切粒。

步骤 3　熟制成型

砂锅用油刷均匀刷油置于煲仔灶上，烧至七分热时倒入泡好的大米，用文火翻炒（火不能猛，否则米炒不熟），炒匀后淋入 30 g 沸水，加盖焖 2 ~ 3 min；开盖再炒，加入 20 g 沸水、熟猪油后再焖。见米胀发后，即可将腊肉片、腊肠片、虾米、香菇倒入，加入鸡油，再盖上盖用小火焖至饭熟，加入蛋粒、葱花、熟猪油拌炒一下，用砂锅夹离火上桌即可。

三、操作要点

1. 米要泡透，吸足水分。
2. 辅料大小一致。
3. 用文火多次煸炒米饭，盖盖焖饭。

四、质量要求

饭松料香，咸糯适口，别具风味。

技能 3　制作粥类——腊八粥

腊八粥又称“七宝五味粥”“佛粥”“大家饭”等，是一种由多样食材熬制而成的粥。喝腊八粥是腊八节的习俗。腊八粥的传统食材包括大米、小米、玉米、薏米、红枣、莲子、花生、桂圆和各种豆类（如红豆、绿豆、黄豆、黑豆、芸豆等），如图 3–9 所示。

图 3–9　腊八粥

一、操作准备

1. 原料

腊八粥制作主要原料及参考配方见表 3–5。

表 3–5　腊八粥制作主要原料及参考配方　g

原料	用量
大米	30
糯米	30
小米	30
高粱米	30
桂圆	30
葡萄干	30
莲子	30
无核小枣	30
花生	30

续表

原料	用量
红小豆	30
白糖	100
水	2 200

2. 设备与器具

工作台、蒸箱、炉灶、煸锅、电子秤、不锈钢盆、木铲子、6 寸斗碗。

二、操作步骤

处理原料→熟制

步骤 1　处理原料

先将莲子去衣去心放入不锈钢盆内，加水浸没，再放入蒸箱，蒸 1 h，蒸熟取出；将桂圆去皮、去核，只留肉；将花生剥掉壳及衣；无核小枣、葡萄干清洗干净。

步骤 2　熟制

锅内放水，把高粱米、红小豆、花生米、无核小枣倒入锅内煮，待煮至半熟时，再将大米、糯米、小米洗净倒入锅内一起煮。待开锅后，改用微火煮。将粥熬至八成熟时，将桂圆、葡萄干倒入粥锅内，继续煮。粥发黏时，把蒸熟的莲子倒入粥中拌均匀，开锅煮至黏稠，移下火来，盛入碗中撒上白糖即可食用。

三、操作要点

1. 处理食材时，要对不同食材依据其特点进行清洗、浸泡、剥皮、去核等操作。

2. 熬制腊八粥时不要加碱，否则容易造成 B 族维生素等营养物质的流失。使用电饭锅或电压力锅的“杂粮粥”功能，也可以轻松煮出美味的腊八粥。

四、质量要求

甜爽可口，绵软黏糯，营养丰富。

技能 4　制作粥类——皮蛋瘦肉粥

皮蛋瘦肉粥是广东省的传统名小吃。皮蛋瘦肉粥营养丰富，以切成小块的皮蛋及咸瘦肉为配料，如图 3–10 所示。不同地区的配料有所不同，有人会在进食前加上香油及葱花，或者加葱花及薄脆。

图 3–10　皮蛋瘦肉粥

一、操作准备

1. 原料

皮蛋瘦肉粥制作主要原料及参考配方见表 3–6。

表 3–6　皮蛋瘦肉粥制作主要原料及参考配方　g

原料	用量
籼米	500
皮蛋	80
瘦肉	80
香葱末	10
花生油	10
盐	10
鸡精	10
胡椒粉	5
姜末	5
生粉	5
水	6 000

2. 设备与器具

工作台、电饭锅、电子秤、不锈钢盆、木铲子、6 寸斗碗。

二、操作步骤

处理原料→煮粥→成熟调味

步骤 1 处理原料

粘米淘洗干净、晾干后加盐和花生油拌匀，腌制；皮蛋去壳切丁；瘦肉切丝，加少许盐和生粉腌制。

步骤 2 煮粥

将腌制好的粘米放入电饭锅中，加入清水，煮制 1 h 后，改小火煮至黏稠。

步骤 3 成熟调味

将皮蛋丁、瘦肉丝加入粥中煮至肉色断生，关火加入鸡精、胡椒粉、姜末搅拌调味，撒上香葱末即成。

三、操作要点

1. 米中可搭配部分糯米和香米。
2. 水要充足，不可中途加水。
3. 粥要煮到黏稠。

四、质量要求

粥底绵滑，味道鲜美，口感丰富。

技能 5 制作粥类——艇仔粥

艇仔粥是由昔日珠江三角洲的水上游民（又称水上人家）创造的，其后又在广州发扬光大，现为广东著名的传统小吃之一，如图 3–11 所示。依据烹调习惯与个人爱好，食材可以灵活搭配。

图 3–11 艇仔粥

一、操作准备

1. 原料

艇仔粥制作主要原料及参考配方见表 3–7。

表 3–7　艇仔粥制作主要原料及参考配方　g

原料	用量
大米	500
水发鱿鱼	100
蜇皮	100
鲜鱼片	100
油条	100
熟虾肉	50
香葱丝	20
酱油	10
姜丝	50
炒花生米	50
香油	15
盐	15
水	4 000

2. 设备与器具

工作台、电饭锅、电子秤、不锈钢盆、木铲子、6 寸斗碗。

二、操作步骤

处理原料→煮粥→成熟调味

步骤 1　处理原料

将水发鱿鱼切成极薄的片，蜇皮切成细丝，油条切成粒。

步骤 2　煮粥

将大米淘净放入电饭锅中，加入水，调到“杂粮粥”功能，煮至黏稠，放入酱油、香油、盐搅拌均匀。

步骤 3　成熟调味

将熟虾肉、鱿鱼片、蜇皮丝、鲜鱼片均分装在碗中，舀取粥冲入碗中，上面放置油条粒、姜丝、香葱丝、炒花生米即成。

三、操作要点

1. 鱿鱼片要极薄，蜇皮丝要极细。

2. 粥要煮至黏稠。

四、质量要求

粥底绵滑，味道鲜美，口感丰富。

培训模块 四
杂粮品种制作

内容结构图

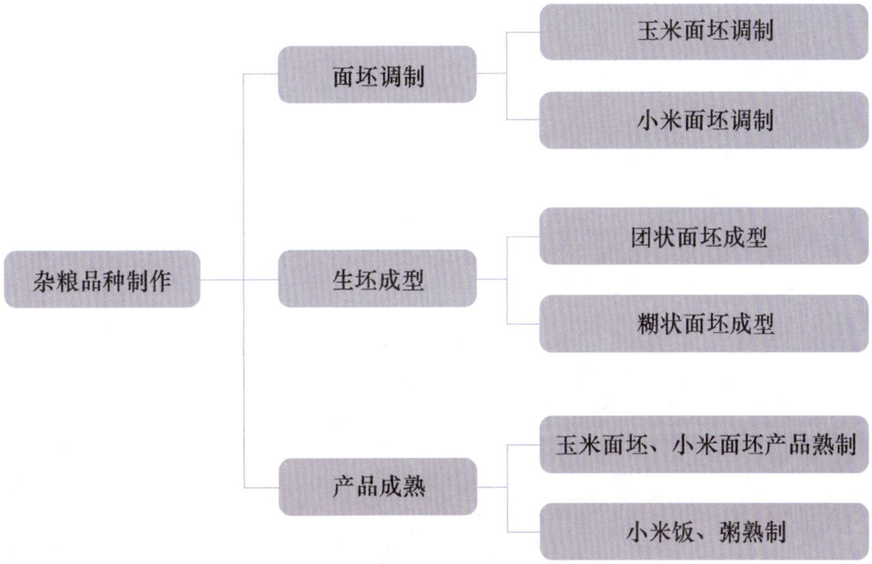

培训项目 1 面坯调制

培训单元 1 玉米面坯调制

培训重点

1. 熟悉玉米的种类及特点。
2. 掌握玉米面坯的调制方法。
3. 掌握玉米面坯调制的技术要领。

知识要求

玉米又称苞谷、棒子，是世界第三大粮食作物，传入我国已经有四百多年历史，在我国的播种面积很大，分布也很广，主要产于四川、河北、吉林、黑龙江、山东等省。玉米是我国主要杂粮之一，为高产作物。

玉米营养丰富，每 100 g 玉米含热量 1 961 kcal、粗纤维 1.2 g、蛋白质 3.8 g、脂肪 2.3 g、碳水化合物 40.2 g，玉米中含有大量粗纤维和矿物质镁，可加强肠壁蠕动，促进机体废物的排泄，对于促进人体新陈代谢非常有利。黄色玉米还含有丰富的叶黄素。

一、玉米的种类及特点

玉米的种类很多，分类方法主要有两种。一是根据玉米籽粒形态、胚乳的结构以及壳的有无分类；二是按照颜色分类。

1. 根据玉米籽粒形态、胚乳的结构以及壳的有无分类

（1）硬粒型

硬粒型又称燧石型。籽粒多为方圆形，顶部及四周胚乳都是角质，仅中心近胚部分为粉质，故外表半透明有光泽，籽粒坚硬饱满。粒色多为黄色，间或有红、紫等色，籽粒品质好，是我国长期以来栽培较多的类型，主要作粮食用。

（2）马齿型

马齿型又称马牙型。籽粒扁平呈长方形，由于粉质的顶部比两侧角质干燥得快，所以顶部的中间下凹，形似马齿，因而得名。籽粒表皮皱纹粗糙不透明，多为黄、白色，少数呈紫或红色，食用品质较差。它是栽培最多的一种类型，适宜制造淀粉和酒精或作饲料。

（3）半马齿型

半马齿型又称中间型，是由硬粒型和马齿型玉米杂交而来的。籽粒顶端凹陷较马齿型浅，有的不凹陷仅呈白色斑点状。顶部的粉质胚乳较马齿型少，但比硬粒型多，品质较马齿型好，在我国栽培较多。

（4）粉质型

粉质型又名软质型。胚乳全部为粉质，籽粒为乳白色，无光泽。它只能作为制取淀粉的原料，在我国很少栽培。

（5）甜质型

甜质型又称甜玉米。胚乳多为角质，含糖分多，含淀粉较少，因成熟时水分蒸发使籽粒表面皱缩，呈半透明状。它多作蔬菜用，在我国种植还不多。

（6）甜粉型

甜粉型籽粒上半部为角质胚乳，下半部为粉质胚乳，在我国很少栽培。

（7）蜡质型

蜡质型又名糯质型。籽粒胚乳全部为角质但不透明而为蜡状，胚乳几乎全部由支链淀粉所组成。它的食性似糯米，黏柔适口，在我国只有零星栽培。

（8）爆裂型

爆裂型籽粒较小，为米粒形或珍珠形，胚乳几乎全部是角质，质地坚硬透明，种皮多为白色或红色。它尤其适宜加工爆米花等膨化食品，在我国有零星栽培。

（9）有稃型

有稃型籽粒被较长的稃壳包裹，籽粒坚硬，难脱粒，是一种原始类型，无栽培价值。

2. 按照颜色分类

按照颜色分类有黄色玉米、白色玉米和杂色玉米。

二、玉米面、面坯的特点

玉米面没有等级之分，只有粗细之别。其粉质不论粗细，性质随玉米品种不同而有所差异。多数玉米面韧性差，松散而发硬，不易吸潮变软。糯性玉米面有一定的黏性和韧性，质地较软，吸水较慢，和面时需用力揉搓。

玉米面坯无论是糊浆状还是团状，均没有韧性和延伸性，吸水较多且较慢，因此调制玉米面坯需要给面坯足够的吸水时间。

三、玉米面坯的调制方法

玉米面坯的调制方法有调和法、搅拌法。

四、玉米面坯调制的技术要领

1. 由于玉米面吸水较多且较慢，因而和面时，水应分次加入面中，且应留有足够的饧面时间。

2. 普通玉米面没有韧性和延伸性，因而凡带馅的品种，馅心应黏性大、抱团、不散碎。

3. 用玉米渣煮粥、焖饭或用玉米面制作面食时，可以适当使用小苏打。因为小苏打不仅不会破坏玉米中的烟酸，反而会提高烟酸的吸收率。同时，使用小苏打还可以使粥更黏稠，面坯口感更松软，从而增加成品的适口性。

技能操作

技能 1　调制团状玉米面坯——玉米饼面坯

玉米饼是采用玉米面烙制而成的饼状食物，是一款家喻户晓的代表性粗粮制品，经常食用可以缓解气血不足、脂肪肝、习惯性便秘、维生素 A 缺乏等。玉米饼面坯如图 4–1 所示。

图 4–1　玉米饼面坯

一、操作准备

1. 原料

玉米饼面坯调制主要原料及参考配方见表 4–1。

表 4–1　玉米饼面坯调制主要原料及参考配方　g

原料	用量
玉米粉	350
面粉	350
鸡蛋白	100
鸡蛋黄	100
白糖	100
色拉油	50
无铝泡打粉	5
小苏打	2
酵母粉	5
水	200

2. 设备与器具

工作台、不锈钢盆、蛋抽子、电子秤、粉筛、保鲜膜。

二、操作步骤

准备原料→调制面糊→饧发

步骤 1 准备原料

将所有食材称好，干性原料混合过筛。

步骤 2 调制面糊

将水倒入不锈钢盆中，加入白糖搅拌至溶化，将鸡蛋黄和色拉油加入并且搅拌均匀，分次倒入过筛的干性原料、酵母，用蛋抽子搅拌均匀呈糊状，再加入搅打至干性发泡的鸡蛋白，翻拌成面糊。

步骤 3 饧发

用保鲜膜包好搅打好的面糊饧发，即成玉米饼面坯。

玉米饼面坯的制作过程如图 4–2 所示。

a) b)

图 4–2 玉米饼面坯的制作过程

a）准备原料 b）调制面糊

三、操作要点

1. 面糊要搅拌均匀，不可有面疙瘩，也不可搅拌过度导致上劲。

2. 调制面糊时不可用铁质容器，避免氧化或者经过搅拌摩擦变黑而影响面糊的色泽。

3. 白糖一定要搅拌溶化，否则制品会有斑点，影响色泽及口感。

4. 搅拌好的面糊不要直接成型烙制，要静置饧发。

四、质量要求

色泽微黄，面糊均匀细腻。

技能 2　调制糊状玉米面坯——玉米面发糕面坯

玉米面发糕是一种主食，制作原料有玉米面、小苏打等，经过改良，目前已经成为家喻户晓的营养健康食品。

一、操作准备

1. 原料

玉米面发糕面坯调制主要原料及参考配方见表 4–2。

表 4–2　玉米面发糕面坯调制主要原料及参考配方　g

原料	用量
面粉	150
玉米面	75
水	150
白糖	50
鸡蛋	50
熟南瓜泥	100
色拉油	20
酵母粉	6
无铝泡打粉	6
小苏打	3

2. 设备与器具

工作台、电子秤、不锈钢盆、粉筛、蛋抽子。

二、操作步骤

准备原料→调和辅料→搅拌成糊

步骤 1　准备原料

先将面粉、玉米面、无铝泡打粉、小苏打混合均匀过筛，倒入不锈钢盆内，加入酵母粉搅拌均匀备用。

步骤 2　调和辅料

将鸡蛋、白糖放在另一个不锈钢盆中，搅拌均匀，陆续加入色拉油、熟南瓜泥继续搅拌至白糖完全溶化。

步骤 3　搅拌成糊

把调制好的辅料倒入玉米面盆内搅拌，同时加水，用蛋抽子顺一个方向进行搅拌。使所有的原料全部融合在一起，直至没有颗粒为止，即成玉米面发糕面糊。

玉米面发糕面坯的制作过程如图 4–3 所示。

a)　　b)　　c)

图 4–3　玉米面发糕面坯的制作过程

a）准备原料　b）调和辅料　c）搅拌成糊

三、操作要点

1. 要选择黏性玉米面，否则口感粗糙。

2. 投料的比例要准确，否则不能确保产品质感。

3. 投料的顺序要准确，否则产品达不到所需膨松度。

4. 搅拌时要顺一个方向搅拌，否则包不住气体。

四、质量要求

面糊均匀细腻，色泽浅黄有香气。

技能 3　调制团状玉米面坯——窝窝头面坯

窝窝头是用玉米面或者小米面制成的，外形是上小下大中间空，呈圆锥状。人们为了使它蒸起来容易熟，底下留有一个孔，又因为它是和馒头一样的主食，所以称这种食品为窝窝头。目前经过改良的窝窝头更符合现代人的口味。

一、操作准备

1. 原料

窝窝头面坯调制主要原料及参考配方见表 4–3。

表 4-3 窝窝头面坯调制主要原料及参考配方 g

原料	用量
玉米面	300
黄豆面	200
白糖	150
鸡蛋	50
酵母粉	6
无铝泡打粉	6
牛奶	120
水（60 ℃左右）	100

2. 设备与器具

工作台、电子秤、不锈钢盆、粉筛。

二、操作步骤

准备原料→调制面坯

步骤 1 准备原料

将玉米面、黄豆面、无铝泡打粉混合后过筛，放在不锈钢盆中。

步骤 2 调制面坯

粉料中加入酵母粉搅拌均匀后开窝，放入白糖和鸡蛋并搅拌均匀，分次加入牛奶、温水用抄拌法和面，直到水加完、面成团，揉搓均匀，用保鲜膜包好即成窝窝头面坯。

三、操作要点

1. 要选择粉质细滑的玉米面。

2. 粉料要过筛，液体原料要分次加入。

3. 面坯要揉匀直至产生黏性，否则面坯易松散，不易成型。

四、质量要求

面坯均匀光滑，无颗粒。

培训单元 2　小米面坯调制

培训重点

1. 熟悉小米的种类及特点。
2. 掌握小米面坯的调制方法。
3. 掌握小米面坯调制的技术要领。

知识要求

一、小米的种类及特点

小米又称为粟，北方称谷子，谷子脱壳为小米，其粒小，直径 1 mm 左右。小米是世界上最古老的栽培农作物之一，起源于中国北方黄河流域，是中国古代的主要粮食作物，也是北方人喜爱的主要粮食之一。小米可以熬粥、蒸饭或磨粉制饼、蒸糕，也可与其他粮食混合食用。

1. 种类与特点

小米一般分为糯性小米和粳性小米两类。

（1）糯性小米

通常红色、灰色者为糯性小米，谷粒壳厚、出米率低、米质差。

（2）粳性小米

白色、黄色、橘红色者为粳性小米，谷粒皮薄、出米率高、米质好。

2. 我国小米的主要品种

（1）金米

金米产于山东省金乡县马坡一带，色金黄、粒小、油性大，含糖量高，质软味香。

（2）龙山米

龙山米产于山东省章丘龙山一带，品质与金米相似，淀粉和可溶性糖含量高于金米，黏度高、甜度大。

（3）桃花米

桃花米产于河北省蔚县桃花镇一带，色黄、粒大、油润、利口、出饭率高。

（4）沁州黄

沁州黄产于山西省沁县檀山一带，圆润、晶莹、蜡黄、松软甜香。

3. 小米成分及功效

小米绵软可口，清香扑鼻，且营养丰富，适于气血亏损、体质虚弱者食用，性微寒，有清热、利尿、消肿及滋阴之功效，系晋东南乃至北方广大地区的传统营养食品。

小米含有多种维生素、氨基酸、脂肪和碳水化合物，营养价值较高，每 100 g 小米含蛋白质 9.7 g、脂肪 3.5 g，不低于稻、麦。一般粮食中不含有胡萝卜素，而小米每 100 g 中胡萝卜素含量达 0.12 mg，维生素 B1 的含量也位居所有粮食之首。小米含糖量也很高，每 100 g 含糖 72.8 g，产热量比大米高许多。另外，小米因富含维生素 B1、B2 等，还具有防止消化不良及口角生疮的功能。小米在现代社会属健康食品，可单独煮熬，也可添加大枣、红豆、莲子、百合等，熬成风味各异的营养品。小米磨成粉后，可加工制作多种点心，如窝头、丝糕等。

二、小米面坯的特点

小米面坯松散，缺乏韧性和弹性，不易成团，通常要与面粉搭配使用。

三、小米面坯的调制方法

小米面坯的调制方法有调和法和搅拌法。

四、小米面坯调制的技术要领

1. 调制小米面坯时的液体原料要循序渐进慢慢加入。
2. 调制好的小米面坯要静置饧发 30 min 后再使用。

技能操作

调制糊状小米面坯——小米面煎饼面坯

煎饼是我国北方地区传统主食之一，起源于山东。煎饼在我国的分布地区很广，主要集中在山东临沂、泰安、滕州、枣庄、济宁、日照、曲阜等地，东北三省以及河北、北京、天津、内蒙古、山西、江苏苏北一带，还有浙江、云南、陕西的部分地区，当然煎饼的种类和分类更是众多。小米面煎饼是改良的传统煎饼中的一款深受食客喜欢的单品。

一、操作准备

1. 原料

小米面煎饼面坯调制主要原料及参考配方见表 4–4。

表 4–4　小米面煎饼面坯调制主要原料及参考配方　g

原料	用量
面粉	350
小米面	150
盐	5
水	550

2. 设备与器具

工作台、电子秤、不锈钢盆、粉筛、蛋抽子。

二、操作步骤

准备原料→搅拌成糊

步骤 1　准备原料

将面粉、小米面称好混合均匀，过筛倒入大碗中。

步骤 2　搅拌成糊

加入盐，和粉料混合均匀，陆续加入清水，用蛋抽子顺一个方向搅拌，直至把水全部加完，搅拌至没有颗粒，呈均匀细腻的糊状。

小米面煎饼面坯的调制过程如图 4–4 所示。

三、操作要点

1. 要顺着一个方向搅拌，防止液体原料泄出。

2. 液体原料要分次加入，每次加水后完全搅拌均匀，再加水。

四、质量要求

光滑细腻，无颗粒。

a)　　b)

图 4–4　小米面煎饼面坯的调制过程

a）准备原料　b）搅拌成糊

培训项目 2 生坯成型

培训单元 1　团状面坯成型

培训重点

1. 熟悉杂粮面坯成型的方法。
2. 掌握捏制成型、贴制成型、包制成型的方法。

知识要求

由于杂粮面坯不含面筋蛋白质，不具有弹性、韧性，因此杂粮面坯成型方法受到一定限制，通常采用捏、贴、包的成型方法。

一、捏制成型

根据成品规格，取适量面坯放在一只手的掌窝中，另一只手的食指或拇指插入面坯中，借助掌窝的大小将面坯捏成圆锥形。

二、贴制成型

将一手五指并拢，并伸开手掌，另一手取适量面坯放在五指并拢的手掌与手指上，双手手掌轻轻互拍，使面坯呈扁饼状，直接将饼状面坯贴放在烧热的缸炉壁、饼铛或煸锅的锅沿上。

三、包制成型

蘸水，取适量面坯于一手掌拍扁，将馅心放在拍扁的面坯上，双手捧面坯收拢，通过反复倒手，不断将面坯收口，将馅心全部包住。

技能操作

技能1 窝窝头生坯成型

窝窝头生坯如图4–5所示。

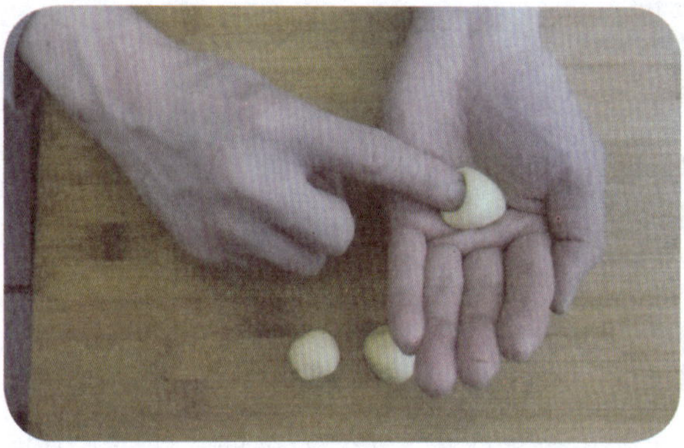

图4–5 窝窝头生坯

一、操作准备

1. 原料

窝窝头生坯制作主要原料及参考配方见表4–5。

表4–5 窝窝头生坯制作主要原料及参考配方 g

原料	用量
窝窝头面坯	500
水	30

2. 设备与器具

工作台、蒸盘、不粘油屉布、不锈钢盆。

二、操作步骤

搓条→下剂→成型

步骤 1 搓条

将窝窝头面坯搓成直径 2 cm 的圆柱形长条。

步骤 2 下剂

用揪剂的方法将面坯揪成 50 个面剂，按照顺序整齐排列。

步骤 3 成型

左手手心抹水，取一个剂子放在手心，右手食指插入面剂中，将面剂捏成内空的圆锥状，均匀放在铺好不粘油屉布的蒸盘中，即成窝窝头生坯。

三、操作要点

1. 成型前一只手的手心要抹少量水，便于面坯成型，且保证其表面光滑。

2. 成型后的生坯摆放要有一定的间距，否则饧发后的生坯会相互粘连。

四、质量要求

大小一致，形状统一，表面光滑。

技能 2 玉米饼生坯成型

玉米饼生坯如图 4–6 所示。

图 4–6 玉米饼生坯

一、操作准备

1. 原料

玉米饼生坯制作主要原料及参考配方见表 4–6。

表 4–6　玉米饼生坯制作主要原料及参考配方　　g

原料	用量
玉米饼面坯	500
水	30

2. 设备与器具

工作台、不锈钢盆。

二、操作步骤

搓条→下剂→成型

步骤 1　搓条

将玉米饼面坯搓成直径 5 cm 的圆柱形长条。

步骤 2　下剂

用揪剂的方法将面坯揪成 10 个面剂，按照顺序整齐排列。

步骤 3　成型

双手蘸少量水，取一个面剂放在手掌靠上五指处，五指并拢，双手手掌轻轻互拍，使面坯呈扁饼状，即成玉米饼生坯。

三、操作要点

1. 成型前手要抹少量水，便于面坯成型，且保证其表面光滑。
2. 和好的面坯要饧发 30 min 再成型，生坯摆放要有一定的间距。

四、质量要求

大小一致，形状统一，表面光滑。

技能 3　小米面馍馍生坯成型

馍馍是中国传统面食之一，是一种用发酵的面蒸成的食品，以小麦面粉为主要原料，配以适量的粗粮，营养丰富，是中国人日常主食之一。

小米面馍馍生坯如图 4–7 所示。

图 4-7 小米面馍馍生坯

一、操作准备

1. 原料

小米面馍馍生坯制作主要原料及参考配方见表 4-7。

表 4-7 小米面馍馍生坯制作主要原料及参考配方 g

原料	用量
面粉	200
面肥	150
小米面	200
黄油	10
黄米面	50
无铝泡打粉	3
小苏打	2

2. 设备与器具

工作台、电子秤、不锈钢盆、蒸盘、不粘油屉布。

二、操作步骤

准备原料→调制面肥→调制面坯→成型

步骤 1 准备原料

将所有原料称好备用。

步骤 2　调制面肥

将面粉、小米面、黄米面和面肥加水调成面坯发酵。

步骤 3　调制面坯

发好的面肥加入黄油、无铝泡打粉、小苏打揉均匀，即成小米面馍馍面坯。

步骤 4　成型

将调制好的面坯搓成长条，揪成 20 个面剂，揉成圆球状，剂口朝上均匀放在铺好不粘油屉布的蒸盘中，即成小米面馍馍生坯。

三、操作要点

1. 调制的面肥要发酵充分。

2. 成型后的生坯摆放要有一定的间距，防止醒发后的生坯相互粘连。

四、质量要求

大小一致，形状统一，色泽金黄。

培训单元 2　糊状面坯成型

培训重点

1. 熟悉杂粮糊状面坯成型方法。
2. 掌握摊制成型、模具成型的方法。

知识要求

糊状面坯成型一般采用摊制成型和模具成型两种方法。

一、摊制成型

将饼铛上火烧热，淋少许油，用手勺盛面糊倒入饼铛上，转动饼铛，使面糊流散均匀，加热至面坯成熟，可自然脱离饼铛。

二、模具成型

需要使用模具和小手勺。方法是先用油刷将模具表面均匀刷一层油，再用小手勺将面糊舀入模具，或者运用其他模具，如方托盘铺上油纸或保鲜膜刷油，倒入面糊。面糊盛装量不应超过模具容量的 80%。

技能操作

技能 1　玉米面发糕生坯成型

玉米面发糕生坯如图 4–8 所示。

图 4–8　玉米面发糕生坯

一、操作准备

1. 原料

玉米面发糕生坯制作主要原料及参考配方见表 4–8。

表 4–8　玉米面发糕生坯制作主要原料及参考配方　　g

原料	用量
玉米面发糕面糊	500
去核红枣	100
色拉油	5

2. 设备与器具

工作台、方托盘、蒸盘、油纸、油刷、油盆。

二、操作步骤

前期准备→成型

步骤 1　前期准备

方托盘中铺上油纸，用油刷均匀地刷一层色拉油。

步骤 2　成型

倒入玉米面发糕面糊，面糊倒至方托盘容量的 80%，在表面码上去核红枣，即成发糕生坯。

三、操作要点

1. 面糊倒入方托盘后表面要抹平。
2. 面糊要八分满，多则易外溢，少则不够饱满。

四、质量要求

色泽金黄，表面平整。

技能 2　小米面煎饼生坯成型

小米面煎饼生坯如图 4–9 所示。

图 4–9　小米面煎饼生坯

一、操作准备

1. 原料

小米面煎饼生坯制作主要原料及参考配方见表 4–9。

表 4–9 小米面煎饼生坯制作主要原料及参考配方 g

原料	用量
小米面煎饼面糊	500
色拉油	100

2. 设备与器具

工作台、电饼铛、油盆、油刷、手勺、刮板。

二、操作步骤

设备预热→准备原料→摊制成型

步骤 1 设备预热

电饼铛底温调至 180 ℃，面温调至 160 ℃，打开电源预热。

步骤 2 准备原料

给预热好的电饼铛抹上色拉油。

步骤 3 摊制成型

用手勺盛满小米面煎饼面糊倒入电饼铛中，用刮板迅速将面糊摊开，即成小米面煎饼生坯。

三、操作要点

1. 电饼铛要提前预热。
2. 预热好的电饼铛要抹油，避免粘连。

四、质量要求

大小一致，薄厚均匀，表面光滑。

培训项目 3 产品成熟

培训单元 1　玉米面坯、小米面坯产品熟制

培训重点

1. 熟悉玉米面坯和小米面坯制品成熟常用方法。
2. 掌握玉米面坯和小米面坯制品熟制的技能要求。

知识要求

玉米面坯和小米面坯制品成熟的主要方法有烤制成熟、蒸制成熟、烙制成熟三种。也有特殊加工后煮制成熟的，如钢丝面、玉米挂面等。

技能操作

技能 1　窝窝头成熟

窝窝头成品如图 4–10 所示。

一、操作准备

1. 原料

窝窝头成品制作原料见表 4–10。

图 4-10　窝窝头

表 4-10　窝窝头成品制作原料

个

原料	用量
窝窝头生坯	24

2. 设备与器具

蒸箱、平盘。

二、操作步骤

蒸箱预热→蒸制成熟→装盘上桌

步骤 1　蒸箱预热

蒸箱加水烧开。

步骤 2　蒸制成熟

将窝窝头生坯均匀地摆放在平盘上，放入水已经烧开的蒸箱中，蒸制 20 min。

步骤 3　装盘上桌

打开蒸箱，将蒸好的窝窝头成品放在平盘中上桌。

三、操作要点

1. 蒸箱要提前加水烧开。
2. 准确掌握蒸制时间，避免时间过久而使成品变色。
3. 成品要趁热食用，口感会更好。

四、质量要求

表面光滑，色泽自然，形状统一，口感微甜。

技能 2　玉米饼成熟

玉米饼成品如图 4–11 所示。

图 4–11　玉米饼

一、操作准备

1. 原料

玉米饼成品制作原料见表 4–11。

表 4–11　玉米饼成品制作原料　个

原料	用量
玉米饼生坯	12

2. 设备与器具

电饼铛、平盘。

二、操作步骤

电饼铛预热→烙制成熟→装盘上桌

步骤 1　电饼铛预热

电饼铛调到 180 ℃预热。

步骤 2　烙制成熟

将已经成型的玉米饼生坯直接贴在已经预热好的电饼铛上，盖盖熟制，烙至金黄色后，翻面烙制。

步骤 3 装盘上桌

打开电饼铛，将已经成熟的玉米饼放在平盘中上桌即可。

三、操作要点

1. 玉米饼生坯之间要保持一定距离，避免成熟后粘连。
2. 温度不可过高，过高成品颜色容易过深。

四、质量要求

大小一致，规格统一，底部焦香，中间暄软。

技能 3 小米面馍馍成熟

小米面馍馍成品如图 4–12 所示。

图 4–12 小米面馍馍

一、操作准备

1. 原料

小米面馍馍成品制作原料见表 4–12。

表 4–12 小米面馍馍成品制作原料 个

原料	用量
小米面馍馍生坯	12

2. 设备与器具

蒸箱、平盘。

二、操作步骤

蒸箱预热→蒸制成熟→装盘上桌

步骤 1　蒸箱预热

蒸箱加水烧开。

步骤 2　蒸制成熟

将醒发好的小米面馍馍生坯放在蒸屉上，放入水已经烧开的蒸箱中，蒸制 20 min。

步骤 3　装盘上桌

打开蒸箱，将蒸好的小米面馍馍成品放在盘中上桌。

三、操作要点

1. 蒸箱要提前加水烧开。
2. 准确掌握蒸制时间，避免时间过久而使成品变色。
3. 成品要趁热食用，口感会更好。

四、质量要求

色泽自然，形状统一，组织细腻，口感甜糯。

技能 4　玉米面发糕成熟

玉米面发糕成品如图 4–13 所示。

图 4–13　玉米面发糕

一、操作准备

1. 原料

玉米面发糕成品制作原料见表 4–13。

表 4–13 玉米面发糕成品制作原料

原料	用量
玉米面发糕生坯	一平盘

2. 设备与器具

蒸箱、平盘。

二、操作步骤

蒸箱预热→蒸制成熟→装盘上桌

步骤 1 蒸箱预热

蒸箱加水烧开。

步骤 2 蒸制成熟

将平盘中醒发好的玉米面发糕生坯，放入水已经烧开的蒸箱中，蒸制 30 min。

步骤 3 装盘上桌

打开蒸箱，将蒸好的发糕从托盘中扣出，切块，放在平盘中上桌。

三、操作要点

1. 蒸箱要提前加水烧开。
2. 准确掌握蒸制时间，避免时间过久而使成品变色。
3. 成品要趁热食用，口感会更好。

四、质量要求

形状统一，组织细腻，造型美观。

技能 5 小米面煎饼成熟

小米面煎饼成品如图 4–14 所示。

一、操作准备

1. 原料

小米面煎饼成品制作原料见表 4–14。

图 4–14　小米面煎饼

表 4–14　小米面煎饼成品制作原料　g

原料	用量
小米面煎饼面糊	500

2. 设备与器具

电饼铛、平盘。

二、操作步骤

电饼铛预热→烙制成熟→装盘上桌

步骤 1　电饼铛预热

电饼铛底温调至 180 ℃，面温调至 160 ℃，打开电源预热。

步骤 2　烙制成熟

将已经摊在提前预热的电饼铛中的小米面煎饼烙熟，表面色泽浅黄成熟即可。

步骤 3　装盘上桌

将已经成熟的小米面煎饼成品放在平盘中上桌，趁热食用即可。

三、操作要点

1. 小米面煎饼面糊要迅速摊开。
2. 电饼铛底火不可过高，避免色泽发黑而影响成品口感。

四、质量要求

大小一致，规格统一，色泽浅黄。

培训单元 2　小米饭、小米粥熟制

培训重点

1. 掌握小米饭、小米粥的特点。
2. 掌握小米饭、小米粥的熟制方法。
3. 掌握小米饭、小米粥的熟制要点。

知识要求

一、小米饭、小米粥的特点

1. 小米饭的特点

小米饭是一道以小米为主要材料制作而成的粗粮饭，制作简单，容易消化，营养丰富，不干不硬，口感松软。

2. 小米粥的特点

小米粥是以小米作为主要食材熬制而成的粥，口味清淡，清香味浓郁，粥汤黏度均匀，滑润适口，健胃消食。

二、小米饭、小米粥熟制方法

1. 小米饭的熟制方法

小米饭的熟制方法有蒸制成熟、焖制成熟两种。

2. 小米粥的熟制方法

小米粥的熟制方法主要是煮（熬）制成熟。

三、小米饭、小米粥熟制要点

1. 小米饭的熟制要点

（1）小米淘洗干净静置 15 min，方便熟制。

（2）水量要一次加足，中间不可再次加水。

2. 小米粥的熟制要点

（1）水开锅后再加米，再开锅后，调至文火煮制。

（2）米、水比例要准确。

（3）米刚下锅时要不断地搅拌，避免米粒沉底粘锅。

（4）正确掌握煮制时间，保证粥品黏度均匀。

技能操作

技能1　制作小米饭

小米饭是一道简单的家常主食，其原料简单，味道独特。成品质地松散、色泽金黄，富含多种维生素和氨基酸。小米饭成品如图 4–15 所示。

图 4–15　小米饭

一、操作准备

1. 原料

小米饭制作主要原料及参考配方见表 4–15。

表 4–15　小米饭制作主要原料及参考配方　g

原料	用量
小米	500
水（常温）	550

2. 设备与器具

不锈钢盆、电饭锅。

二、操作步骤

淘米处理→蒸制成熟

步骤 1 淘米处理

将小米淘洗干净，沥干水分放在电饭锅中。

步骤 2 蒸制成熟

将电饭锅调至煮饭功能，盖盖煮制，等待煮制成熟即可。

三、操作要点

1. 小米淘洗后要沥干水分。
2. 准确掌握米、水配置比例。

四、质量要求

饭松味香，利口柔软，别具风味。

技能 2 制作小米粥

小米粥是以小米作为主要食材，通过熬制而成的粥品，有“人参汤”的美誉。它的口味清淡，制法简单，有健胃消食的功效，是传统的健康食品，男女老幼均可食用。小米粥成品如图 4–16 所示。

图 4–16 小米粥

一、操作准备

1. 原料

小米粥制作主要原料及参考配方见表 4–16。

表 4–16　小米粥制作主要原料及参考配方　g

原料	用量
小米	500
水（常温）	4 000

2. 设备与器具

不锈钢盆、电饭锅。

二、操作步骤

淘米处理→煮制成熟

步骤 1　淘米处理

将小米淘洗干净，倒入已经加好水的电饭锅中。

步骤 2　煮制成熟

将电饭锅调至煮粥功能，盖盖煮至成熟即可。

三、操作要点

掌握好米、水配置比例。

四、质量要求

口味清淡，黏度适中，色泽金黄。